Best wishes for
the future of
your work with
animation students

Gary Mairs

祝愿动画学生的作品拥有美好的未来!

盖瑞·梅尔斯

盖瑞·梅尔斯（Gary Mairs）

美国籍。美国加州艺术学院电影学院院长、电影导演工作坊创办人之一。在电影界有多年的创作经验。曾导演和监制电影短片《醒梦》(2007)、《说出它》(2008)、《海明威的夜晚》(2009)，担任官方纪录片《出神入化：电影剪辑的魔力》(2004)的艺术指导。在线上专业杂志包括《摄影机的低架》、《烂番茄》。发表多篇专业论文，著作有《被控对称性：詹姆斯·班宁的风景电影》。

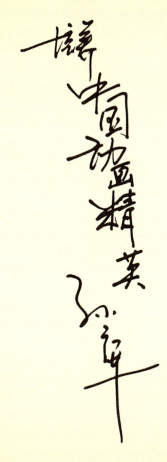

振兴中国动画精英
孙立军

孙立军

北京电影学院动画学院院长、教授。

　　现任国家扶持动漫产业专家组原创组负责人、中国动画协会副会长、中国电视艺术家协会卡通艺术委员会常务理事、中国成人教育协会培训中心动漫游培训基地专家委员会主任委员、中国软件学会游戏分会副会长、中国东方文化研究会漫画分会理事长、国际动画教育联盟主席、微软亚洲研究院客座研究员、北京电影学院动画艺术研究所所长。

　　主要作品有：漫画《风》，动画短片《小螺号》、《好邻居》，动画系列片《三只小狐狸》、《越野赛》、《浑元》、《西西瓜瓜历险记》，动画电影《小兵张嘎》、《欢笑满屋》等。

　　曾担任中国中央电视台少儿频道动画片、"金童奖"、"金鹰奖"、"华表奖"、汉城国际动画电影节、2008奥运吉祥物设计、世界漫画大会"学院奖"等奖项的评委。曾获中国政府华表奖优秀动画片奖、中国电影金鸡奖最佳美术片奖提名等奖项。

with head and
hands ...
all the best to
Animation Students
Keep animating !
Robi Engler

祝愿所有学习动画的学生，用你们的
头脑和双手，创作出优秀的作品！

罗比·恩格勒

瑞士籍。1975 年创办"想象动画工作室"，致力于动画电视与影院长片创作，并热衷动画教育，于欧、亚、非三洲客座教学数年。著有《动画电影工作室》一书，并被翻译成四国语言。

罗比·恩格勒（Robi Engler）

THE FUTURE OF
ANIMATION IN CHINA
IS IN THE HANDS
OF YOUNG TALENT
LIKE YOURSELVES.
TOMORROW'S LEGENDS
ARE BORN TODAY!
CHEERS,

KEVIN GEIGER
WALT DISNEY
ANIMATION

中国动画的未来掌握在年轻人手中，就如同
你们自己。今天的我们必将成为明天的传奇！

凯文·盖格

美国籍。现任北京电影学院客座教授。曾担任迪尼斯动
画电影公司电脑动画及技术总监、加州艺术学院电影学院
实验动画系副教授。在好莱坞动画和特效产业有将近 15 年的
技术、艺术和组织方面的经验，并担任 Animation Options 动
画专业咨询公司总裁、Simplistic Pictures 动画制作公司得奖
动画的制片人、非盈利组织 "Animation Co-op" 的导演。

凯文·盖格（Kevin Geiger）

交互式漫游动画效果图 1

交互式漫游动画效果图 2

交互式漫游动画效果图 3

交互式漫游动画效果图 4

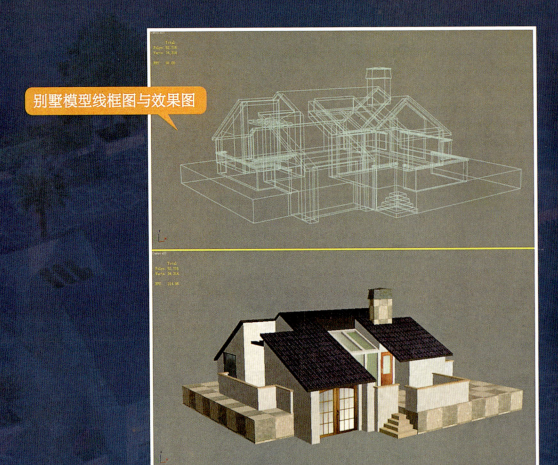

别墅模型线框图与效果图

凉亭模型线框图与效果图

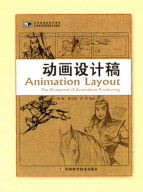

优秀动漫游系列教材

　　本系列教材中的原创版有中央美术学院、北京电影学院、中国人民大学、北京工商大学等高校的优秀教师执笔，从动漫游行业的实际需求出发，汇集国内最优秀的动漫游理念和教学经验，研发出一系列原创精品专业教材。引进版由日本、美国、英国、法国、德国、韩国、马来西亚等地的资深动漫游专业专家执笔，带来原汁原味的日式动漫及欧美卡通感觉。

　　本系列教材既包含动漫游创作基础理论知识，又融合了一线动漫游戏开发人员丰富的实战经验，以及市场最新的前沿技术知识，兼具严谨扎实的艺术专业性和贴近市场的实用性，以下为第一批推出的教材：

书　名	作　者
中外影视动漫名家讲坛	扶持动漫产业发展部际联席会议办公室 组织编写
动画电影创作——欢笑满屋	北京电影学院 孙立军
动画设计稿	中央美术学院 晓 欧 舒 霄 等
Softimage 模型制作	中央美术学院 晓 欧 舒 霄 等
Softimage 动画短片制作	中央美术学院 晓 欧 舒 霄 等
角色动画——运用2D技术完善3D效果	[英]史蒂文·罗伯特
影视动画制片法务管理	上海东海职业技术学院 韩斌生
2D与3D人物情感动画制作	[美]赖斯·帕德鲁
动画设计师手册	[美]赖斯·帕德鲁 等
Maya角色的造型与动画	[美]特瑞拉·弗拉克斯曼
Flash 动画入门	[美]埃里克·格瑞帕勒
二维手绘到3D动画	[美]安琪·琼斯 等
概念设计	[美]约瑟夫·康斯里克 等
动画专业入门1	郑俊皇 [韩]高庆日 [日]秋田孝宏
动画专业入门2	郑俊皇 [韩]高庆日 [日]秋田孝宏
动画制作流程实例	[法]卡里姆·特布日 等
动画故事板技巧	[马]史蒂文·约那
Photoshop全掌握	[马]斯卡日·许 夏 娃
Illustrator动画设计	[韩]崔连植 陈数恩
Maya-Q版动画设计	中国台湾省岭东科大 苏英嘉 等
影视动画表演	北京电影学院 伍振国 齐小北
电视动画剧本创作	北京电影学院 葛 竞
日本动画全史	[日]山口康男
动画背景绘制基础	中国人民大学 赵 前
3D动画运动规律	北京工商大学 孙 进
影视动画制片	北京电影学院 卢 斌
交互式动画教程	北京工商大学 张 明 罗建勤
Flash 动画制作	北京工商大学 吴思森
趣味机器人入门	深圳职业技术学院 仲照东
定格动画技巧	[英]苏珊娜·休

书　名	作　者
原画创作	中央美术学院　黄惠忠
日本漫画创作技法——妖怪造型	[日]PLEX工作室
日本漫画创作技法——格斗动作	[日]中岛诚
日本漫画创作技法——肢体表情	[日]尾泽忠
日本漫画创作技法——色彩运用	[日]草野雄
日本漫画创作技法——神奇幻想	[日]坪田纪子
日本漫画创作技法——少女角色	[日]赤　浪
日本漫画创作技法——变形金刚	[日]新田康弘
日本漫画创作技法——嘻哈文化	[日]中岛诚
日本CG角色设计——魔幻造型	[美]克里斯工作室
日本CG角色设计——动作人物	[美]克里斯工作室
日本CG角色设计——百变少女	[美]克里斯工作室
日本CG角色设计——少女造型	[美]克里斯工作室
日本CG角色设计——超级女生	[美]克里斯工作室
欧美CG角色设计——大魔法师	[美]克里斯工作室
欧美CG角色设计——超人探险	[美]克里斯工作室
欧美CG角色设计——角色设计	[美]克里斯工作室
漫画创作技巧	北京电影学院　聂　峻
动漫游产业经济管理	北京电影学院　卢　斌
游戏制作人生存手册	[英]丹·艾尔兰
游戏概论	北京工商大学　卢　虹
游戏角色设计	北京工商大学　卢　虹
多媒体的声音设计	[美]约瑟夫·墨西莉亚
Maya 3D 图形与动画设计	[美]亚当·沃特金斯
乐高组建和ROBOLAB软件在工程学中的应用	[美]艾里克·王　[美]伯纳德·卡特
3D游戏设计全书	[美]肯尼斯·芬尼
3D 游戏画面纹理——运用Photoshop创作专业游戏画面	[英]卢克·赫恩
游戏角色设计升级版	[英]凯瑟琳·伊斯比斯特
maya游戏设计——运用maya和mudbox进行游戏建模和材质设计	[英]迈克尔·英格拉夏

如需订购或投稿，请您填写以下信息，并按下方地址与我们联系。

联系人		联系地址	
学　校		电　话	
专　业		邮　箱	

★地　　　址：北京市海淀区中关村南大街 16 号中国科学技术出版社

★邮政编码：100081　　　　　　　　★电　话：15010093526

★邮　　　箱：dongman@vip.163.com

★http://jpts.mall.taobao.com

影视动画表演

Illustrator动画设计

Maya-Q版动画设计

动画制作流程实例

动画电影创作
——欢笑满屋

Photoshop全掌握

影视动画制片法务管理

Flash 动画入门

动画设计师手册

2D与3D人物情感动画制作

动画故事板技巧

Flash 动画制作

动画专业入门1

动画专业入门2

3D动画运动规律

交互式动画教程
——Virtools+3DS MAX虚拟技术整合

交互式漫游动画

——Virtools+3ds Max 虚拟技术整合

罗建勤　张　明　**编著**

孙立军　**审订**

中国科学技术出版社
·北　京·

图书在版编目(CIP)数据

交互式漫游动画/罗建勤,张明编著.—北京:中国科学技术出版社,2010
(优秀动漫游系列教材)
ISBN 978 - 7 - 5046 - 5426 - 7

Ⅰ.交… Ⅱ.①罗 ②张… Ⅲ.三维—动画—设计 Ⅳ.TP391.41

中国版本图书馆 CIP 数据核字(2010)第 045448 号

作　　者	罗建勤　张　明		
审　　订	孙立军		
出 版 人	苏　青		
策划编辑	肖　叶		
责任编辑	肖　叶　邵　梦		
封面设计	阳　光		
责任校对	张林娜		
责任印制	马宇晨		
法律顾问	宋润君		

中国科学技术出版社出版
北京市海淀区中关村南大街 16 号　邮政编码:100081
电话:010 - 62173865　传真:010 - 62179148
http://www.cspbooks.com.cn
科学普及出版社发行部发行
北京盛通印刷股份有限公司承印

*

开本:700 毫米×1000 毫米　1/16　印张:13.5　彩插:6　字数:240 千字
2013 年 7 月第 2 版　2013 年 7 月第 1 次印刷
ISBN 978 - 7 - 5046 - 5426 - 7/TP·370
印数:1—2000 册　定价:49.00 元

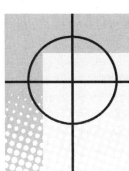

内容提要

　　本书系统讲解了交互式漫游动画开发流程中的模型、贴图、烘焙以及虚拟交互制作过程，结合业界应用的实用理论，在教授学生制作的过程中逐步讲述各种问题，精确讲述了交互式漫游动画的各种要领。

　　本书讲述的每一个关键步骤，力图使读者完全理解制作过程，迅速切入关键点；强调交互式漫游动画产品开发的综合资源利用，使读者熟悉制作的来龙去脉。

　　本书结构清晰，内容丰富，适合从事三维动画设计、游戏设计的广大从业人员阅读，也可作为大专院校三维设计、虚拟动画设计相关专业的培训教材。

本书特色

　　实用性强：本书以制作一个交互式漫游动画的全过程为主线，讲述相关软件的具体用法，兼备模型制作以及虚拟交互设计的内容，结合大量的图片与说明，以达到完全掌握交互式漫游动画的制作流程的目的。

　　循序渐进：本书按照最便捷的方式，使读者理解交互设计的含义，初学者完全可以从无到有，跟着教材的步骤，一步一步地完成交互式动画作品。

　　举一反三：通过本书的学习以及每章节后面的思考题，就可以掌握交互式动画的制作要领，并举一反三。

交互式漫游动画

JIAOHU SHI MANYOU DONGHUA

作者简介

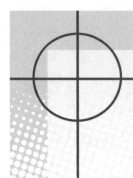

罗建勤

　　毕业于北京理工大学，硕士学位；中国数字电影与数字节目联盟理事；中国工业设计协会会员；现任职于中国北方车辆研究所。2005 年获"中国设计专题展"设计竞赛铜奖；2006 年获"半岛艺术教育论坛"海报设计竞赛入选奖；2006 年获"2006VR 盟主——3DVR 游戏设计大赛"游戏组佳作奖；2008 年撰写《电脑游戏策划与设计—Virtools 简明教程》，由上海复旦大学出版社出版。

张　明

　　毕业于北京理工大学设计艺术学院，硕士学位；现任教于北京工商大学艺术与传媒学院，讲师。主讲课程：3D 建筑景观动画设计，商业数码摄影，Virtools 等课程。

　　多次在全国设计大赛中入围。首届中国五金产品工业设计大赛金奖；"镇海杯"第三届国际工业设计大赛优秀奖；指导学生在首届"动感地带校园创意大赛"中获得视频组金奖。在 CGM 上发表多篇三维制作方面教程。

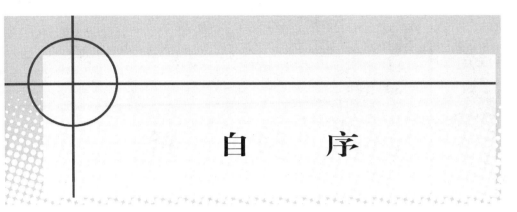

自　序

计算机能给人类带来飞跃。有理论认为，电脑技术带来的变革将导致一场更为深刻的革命，这时候对技术怀疑好像是一件不合时宜的事。

确实计算机给我们带来太多的方便，我们已经过于信任它了，大家都很习惯用它得出"正确"的答案。对于各行从业者来说，拥有一台PC，用它制作出一些表面光鲜的东西越来越容易，这些都拜计算机技术的发展所赐。

> "电脑不是道具而是素材。"
>
> ——麻省理工大学 John Maeda

我觉得这是一个值得思考的意见。电脑是隐藏着无限可能的素材，但创意并不是要让人们称赞它奇异的外表或者光鲜的素材，而是通过科学的流程去设计，打造出人们可用、易用、乐用的"产品"。

从创新的角度来看，设计是一个成材率很低的行业，用电脑做出和别人一样的"正确"结果，那就必死无疑。就像 IDEO（世界著名产品设计公司）老板所说："我们的专长是设计的流程，对我们而言，设计牙刷还是航天飞机这都无关紧要，我们只是用我们自己的方法找出怎样创新！"没错！把握设计流程，用自己的方法找到创新之道，才是成功的关键。

本书着重介绍了交互式漫游动画的制作流程，致力于提供一套完整的项目解决方案。其中范例简单、纯粹，意于让读者通过它把握虚拟漫游技术实现的总体架构。

我经常反思：是不是陷入电脑太深，而忽略了创新的根本。也希望各位读者看完本书后，能把创意变为现实。

张　明

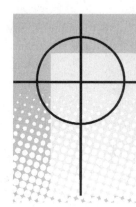

目　　　录

第一篇　工具的基本操作说明

第二篇　动画场景模型的准备

第三篇　虚拟交互设计

交互式漫游动画

JIAOHU SHI MANYOU DONGHUA

交互式漫游动画

JIAOHU SHI MANYOU DONGHUA

第一篇
工具的基本操作说明

第一章

3ds Max9

1　3ds Max9 简介
2　3ds Max9 用户界面

本章重点

　　本章主要为大家介绍制作工具 3ds Max9 主要功能以及它的用户界面。在漫游动画中的模型、材质、灯光、烘焙、贴图等工作都要在此软件中制作完成。在此大家可以对控制界面有更深的认识和了解，有助于下面制作的开展。

　　3ds Max9 是世界知名的三维建模、动画与渲染的解决方案。该版本支持 64 位技术，为数字艺术家提供了下一代游戏开发、可视化设计以及电影、电视视觉特效制作的强大工具。运用 3ds Max 软件，艺术大师们取得的重大成就已不计其数，包括纽约市的自由之塔、Assassin's Creed（《刺客的信条》）、Gears of War（《战争机器》）、Guild Wars（《行会战争》）和 Mass Effect（《大规模效应》）等经典游戏以及 Aeon Flux（《魔力女战士》）与《哈利·波特与火焰杯》等电影大片。

 ## 1.1　3ds Max9 简介

　　3D Studio Max，简称为 3ds Max 或 Max，是 Autodesk 公司开发的基于 PC 系统的三维动画渲染和制作软件。其前身是基于 DOS 操作系统的 3D Studio 系列软件，最新版本是 2010。在 Windows NT 出现以前，工业级的 CG 制作被 SGI 图形工作站所垄断。3D Studio Max + Windows NT 组合的出现一下子降低了 CG 制作的门槛，首先就是运用在电脑游戏中的动画制作，之后更进一步，开始参与影视片的特效制作，例如《X 战警Ⅱ》、《最后的武士》等。

　　在应用范围方面，广泛应用于广告、影视、工业设计、建筑设计、多媒体制作、游戏、辅助教学以及工程可视化等领域。拥有强大功能的 3ds Max 被广泛地应用于电视及娱乐业中，比如片头动画和视频游戏的制作，深深扎根于玩家心中的劳拉角色形象就是 3ds Max 的杰作。

　　在影视特效方面也有一定的应用。而在国内发展的相对比较成熟的建筑效果图和建筑动画制作中，3ds Max 的使用率更是占据了绝对的优势。根据不同行业的应用特点对 3ds Max 的掌握程度也有不同的要求，建筑方面的应用相对来说要局限性大一些，它只要求单帧的渲染效果和环境效果，只涉及比较简单的动画；片头动画和视频游戏应用中动画所占的比例很大，特别是视频游戏对角色动画的要求要高一些；影视特效方面的应用则把 3ds Max 的功能发挥到了极致。

新的 3ds Max 9 非常注重提升软件的核心表现，并且加强工作流程的效率。新版本对新的 64 位技术做了特别的优化，同时提升了核心动画和渲染工具的功能，能够为艺术家带来更多的帮助。对共享资源更为紧凑的控制，对工程资源的跟踪和对工作流程的个性化设置使整个创作更加快速。

3ds Max 9 生成的 FBK 文件格式，依然可以转换成 Maya、Motionbulider 以及其他 Autodesk 产品的格式，而 mental ray 3.5 也为 Max 9 注入了强大的渲染能力。更为简洁的用户界面使得全局照明（global illumination）和 SSS shaders 操作起来更加方便。统一的间接灯光模型为在不同的 radiosity 模式间转换提供了保证。

除了 64 位支持、全新的光照系统、更多着色器和加速渲染能力外，3ds Max 9 还提供以下功能，使核心性能、生产力和制作流程效率最优化：

※ 一套可添加到 3ds Max 中定制装备和控制器上的分层混合系统；

※ 线框与边缘显示的最优化，可在视图中得到更快的反馈；

※ 可保存并加载到步迹动画（bipeds）上的 XAF 文件，使定制装备输入输出信息更加轻松；

※ 增强头发和衣服的功能，包括在视图中设计发型的能力；

※ 增强对正在处理中资产的文件参照及跟踪功能；

交互式漫游动画

JIAOHU SHI MANYOU DONGHUA

※ 点缓存（Point cache）能将网格变形制作成文件进行快速渲染；

※ 通过 FBX 文件格式改善与 Autodesk Maya 的兼容性；

※ 有关全新 3ds Max 9 功能的完整列表，请访问 www.autodesk.com/3dsMax。

1.2 3ds Max9 用户界面

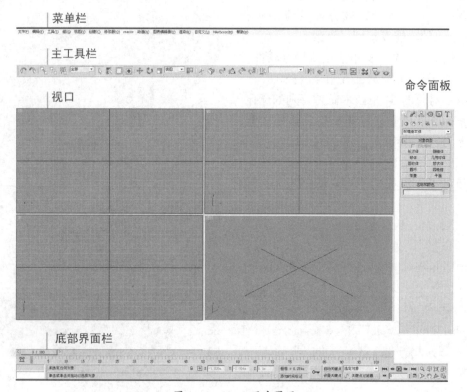

图 1-1 Max9 用户界面

1.2.1 菜单栏

3ds Max 用户界面顶部的菜单栏中有一系列下拉菜单，其中包括了在 3ds Max 中常用的命令。当然，在主工具栏和命令面板中也可以找到相应的主要命令，可以根据用户的习惯自行选择调用，如图 1-2 所示。

图 1-2 菜单栏

在下拉菜单中有不同颜色和特征的字符表示不同的含义，如图1-3所示。

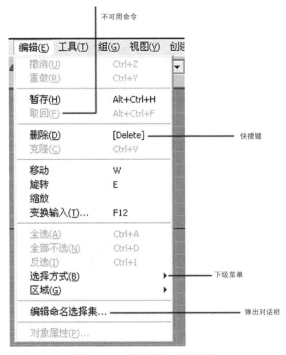

图1-3　"编辑"下拉菜单

　　标准的Windows菜单栏，带有基本的"文件"、"编辑"和"帮助"菜单。特殊菜单包括：

　　※"工具"包含许多主工具栏命令的重复项。

　　※"组"包含管理组合对象的命令。

　　※"创建"包含创建对象的命令。

　　※"修改器"包含修改对象的命令。

　　※"视图"包含设置和控制视口的命令。

　　※"角色"有编辑骨骼、链接结构和角色集合的工具。

　　※"动画"包含设置对象动画和约束对象的命令。

　　※"图表编辑器"让用户可以使用图形方式编辑对象和动画——"轨迹视图"允许用户在"轨迹视图"窗口中打开和管理动画轨迹；"图解视图"提供另一种在场景中编辑和导航到对象的方法。

　　※"渲染"包含渲染、Video Post、光能传递和环境等命令。

　　※"自定义"让您可以使用自定义用户界面的控制。

　　※"MaxScript"有编辑MaxScript（内置脚本语言）的命令。

1.2.2 主工具栏

主工具栏是 3ds Max 的重要部分。在软件默认情况下，工具栏是停靠在菜单栏下方。工具栏可以选择停靠或浮动于用户界面，如图 1-4 所示。

图 1-4 主工具栏

主工具栏中包括了 3ds Max 中最常用的命令按钮，用户可以直接左键单击调用或选择相应命令。主工具栏中不同的选择命令，如图 1-5 所示。

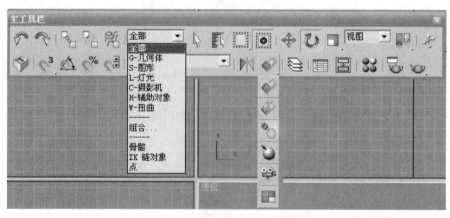

图 1-5 常用的命令按钮

在主工具栏列表中可以定义当前的 UI 显示，项目前的复选开启表示该工具栏已经被调用，如图 1-6 所示。

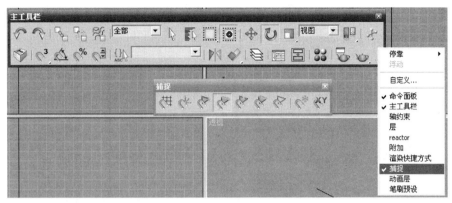

图 1-6　自定义当前的 UI 显示

 ### 1.2.3　命令面板

命令面板是用户界面中使用最为频繁的区域。命令面板共包含了 6 个不同内容的面板，单击面板顶部的选项卡可分别激活使用，如图 1-7 所示。命令面板同样可以像工具栏一样，在视口中浮动或停靠，如图 1-8 所示。

图 1-7　命令面板

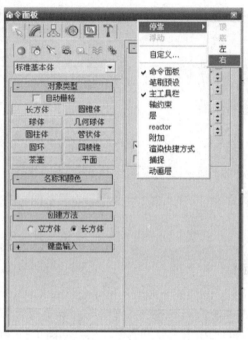

图 1-8 停靠命令面板

1. "创建"面板

第 1 个命令面板是"创建面板",包含不同类型的对象:  ,分别为: 几何体、图形、灯光、摄像机、辅助对象、空间扭曲、系统。

几何体: 场景中,实体 3D 对象和用于创建它们的对象,称为几何体。创建三维几何体对象和一些已经安装的插件中的几何体,如图 1-9 所示。

图 1-9 创建三维几何体

图形: 图形是一个由一条或多条曲线或直线组成的对象。图形分为两种基本类型，样条线和 NURBS 曲线。Max 中的图形是创建在三维空间中的二维曲线，如图 1-10 所示。

图 1-10 创建三维空间中的二维曲线

灯光：灯光是模拟真实灯光的对象，不同种类的灯光对象用不同的方法投射灯光，模拟真实世界中不同种类的光源。当场景中没有灯光时，使用默认的照明着色或渲染场景。用户可以添加灯光使场景的外观更逼真。照明增强了场景的清晰度和三维效果。3ds Max 提供两种类型的灯光：标准和光度学，如图 1-11 所示。

图 1-11 创建灯光

摄像机：摄像机从特定的观察点表现场景。摄像机对象模拟现实世界中的静止图像、运动图片或视频摄像机。使用摄像机视口可以调整摄像机，就好像您正在通过其镜头进行观看，如图1－12所示。

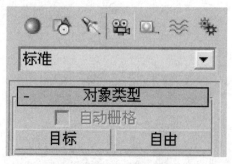

图1－12　创建摄像机

辅助对象：辅助对象有很多不同的种类。主要作用是在场景中辅助建立模型和制作动画，是不被渲染的对象，如图1－13所示。

图1－13　创建辅助对象

空间扭曲：空间扭曲是影响其他对象外观的不可渲染对象。空间扭曲能创建使其他对象变形的力场，从而创建出涟漪、波浪和风吹等效果。空间扭曲的行为方式类似于修改器，只不过空间扭曲影响的是世界空间，而几何体修改器影响的是对象空间，如图1－14所示。

图 1 - 14　空间扭曲修改器

系统：系统将对象、链接和控制器组合在一起，以生成拥有行为的对象及几何体。通过系统可以创建只利用功能难以生成或耗费时间才能生成的动画。系统的范围从简单的对象生成器到全面的子系统程序，如图 1 - 15 所示。

图 1 - 15　创建系统面板

2. "修改"面板

从"创建"面板中添加对象到场景中之后，通常会移动到"修改"面板，来更改对象的原始创建参数，并应用修改器。修改器是整形和调整基本几何体的基础工具。修改器堆栈控件显示在"修改"面板顶部附近，正好在名称和颜色字段下面。修改器堆栈包含项目的累积历史记录，其中包括所应用的创建参数和修改器。堆栈的底部是原始项目。对象的上面就是修改器，按照从下到上的顺序排列，如图 1 - 16 所示。

交互式漫游动画

JIAOHU SHI MANYOU DONGHUA

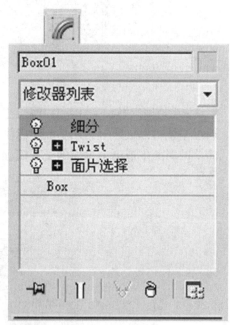

图 1-16 修改器堆栈控件

3."层次"面板

通过"层次"面板可以访问用来调整对象间层次链接的工具。通过将一个对象与另一个对象链接，可以创建父子关系。应用到父对象的变换同时将传递给子对象。通过将多个对象同时链接到父对象和子对象，可以创建复杂的层次，如图 1-17 所示。

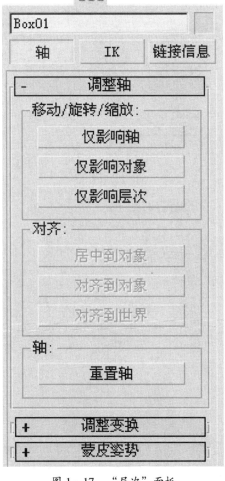

图 1 – 17　"层次"面板

4．"运动"面板

　　"运动"面板提供用于调整选定对象运动的工具。例如，可以使用"运动"面板上的工具调整关键点时间及其缓入和缓出。"运动"面板还提供了"轨迹视图"的替代选项，用来指定动画控制器。

　　如果指定的动画控制器具有参数，则在"运动"面板中显示其他卷展栏。如果"路径约束"指定给对象的位置轨迹，则"路径参数"卷展栏将添加到"运动"面板中。"链接"约束显示"链接参数"卷展栏，"位置 XYZ"控制器显示位置"XYZ 参数"卷展栏，如图 1 – 18 所示。

交互式漫游动画

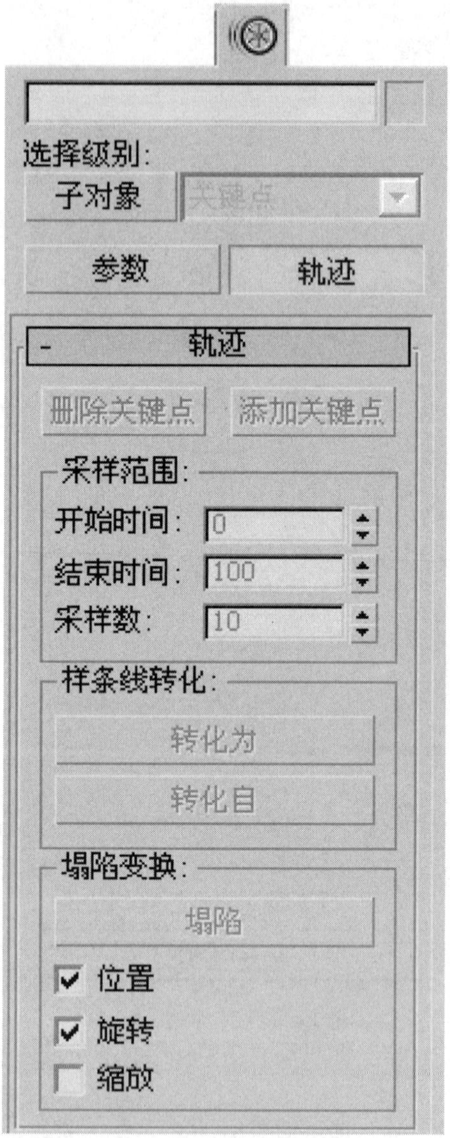

JIAOHU SHI MANYOU DONGHUA

图 1-18 "运动"面板

5. "显示"面板

通过"显示"面板可以访问场景中控制对象显示方式的工具。可以隐藏和取消隐藏、冻结和解冻对象、改变其显示特性、加速视口显示以及简化建模步骤，如图1-19所示。

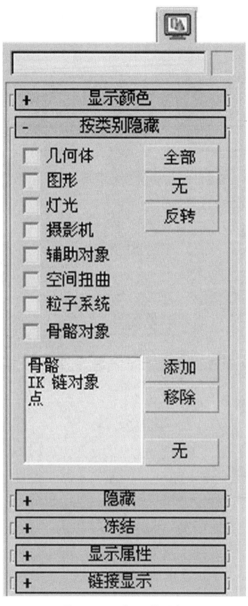

图1-19　"显示"面板

6. "工具"面板

使用"工具"面板可以访问各种工具程序。3ds Max 工具作为插件提供。"工具"面板包含用于管理和调用工具的卷展栏。运行工具时，将显示其他卷展栏。

某些工具使用对话框而不使用卷展栏，如图 1 – 20 所示。

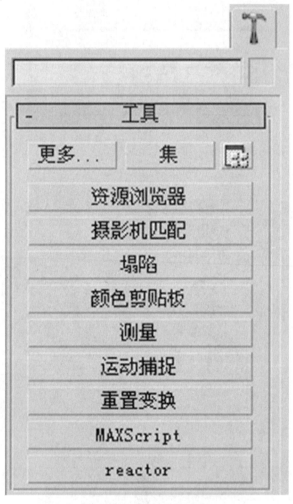

图 1 – 20　"工具"面板

 1.2.4　视口

　　启动 3ds Max 之后，主屏幕包含四个同样大小的视口。透视视图位于右下部，其他三个视图的相应位置为：顶部、前部、左部。默认情况下，透视视图"平滑"并"高亮显示"。可以选择在这四个视口中显示不同的视图，也可以从"视口右键单击"菜单中选择不同的布局，如图 1 – 21 所示。

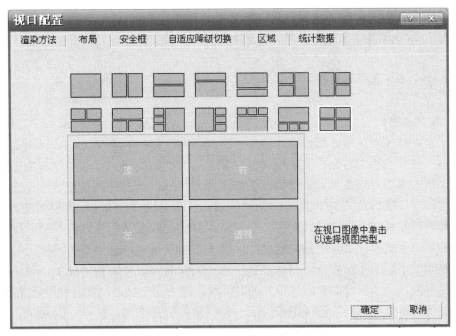

图 1-21　调整视口配置

　　可以调整四个视口的大小，这样它们可以采用不同的比例。要调整视口大小，按住并拖动分隔条上四个视口的中心。移动中心来更改比例。要恢复到原始布局，右键单击分隔线的交叉点并从右键单击菜单中选择"重置布局"。新视口比例保存在场景中。但是，当更改视口布局时比例将会重置，如图 1-22 所示。

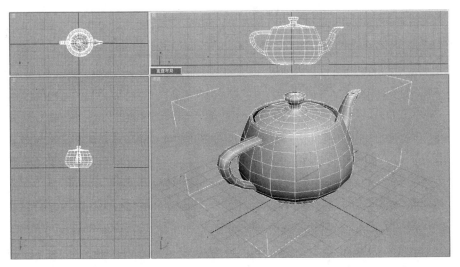

图 1-22　调整四个视口的大小

激活要最小化或最大化的视口，执行下列操作之一：1. 在键盘上，按 Alt + W 键。2. 单击 3ds Max 窗口右下角的"最大化视口切换"按钮。

 1.2.5　底部界面栏

3ds Max 窗口底部包含一个区域，提供有关场景和活动命令的提示和状态信息。这是一个坐标显示区域，可以在此输入变换值，左边有一个到 MaxScript 侦听器的两行接口。在状态栏的右侧是可以控制视口显示和导航的按钮。导航控件取决于活动视口。透视视口、正交视口、摄像机视口和灯光视口都拥有特定的控件。正交视口包括"用户"视口及"顶"视口、"前"视口等。所有视口中的"所有视图最大化显示"弹出按钮和"最大化视口切换"都包括在"透视和正交"视口控件中。位于状态栏和视口导航控件之间的是动画控件，以及用于在视口中进行动画播放的时间控件。时间滑块显示当前帧并可以通过它移动到活动时间段中的任何帧上。轨迹栏提供了显示帧数（或相应的显示单位）的时间线。这为用于移动、复制和删除关键点，以及更改关键点属性的轨迹视图提供了一种便捷的替代方式。选择一个对象，以在轨迹栏上查看其动画关键点，如图 1－23 所示。

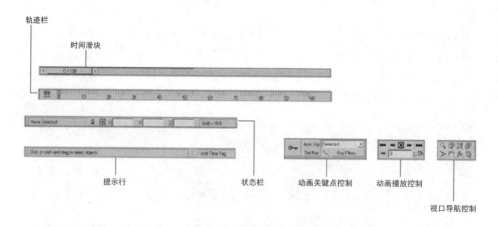

图 1－23　底部界面栏

 **课后习题**

1. 应用 3ds Max9 制作简单模型场景，进一步熟悉用户界面。
2. 熟练应用快捷键，提高工作效率。

第二章

Virtools

1　什么是 Virtools
2　Virtools 软件界面介绍
3　资源整合及导入 Virtools 中
4　虚拟交互设计流程展示：打开一扇门

本章重点

　　本章介绍 Virtools 软件，让读者在直观上有一个认识。分别介绍了 Virtools 软件的界面以及一些常用的工具。当然，怎样将各种格式的资源整合进 Virtools 中也是本章的重点。在最后，还列举了一个案例，通过制作这个 DEMO，可以了解 Virtools 的制作流程。

2.1　什么是 Virtools

Virtools 是什么呢？

它能做什么东西呢？

带着这两个问题，我们将要开始一段神奇而又充满乐趣的"旅行"了。

Virtools 是一套整合型软件，能把各种常用的文件素材通过一定的方式整合在一起，并达到虚拟交互的目的，比如三维数字模型、贴图、视频等。Virtools 是具有强大互动行为模块的实时三维虚拟交互操作软件，可以制作出各种类型的虚拟交互产品，如交互式电影、虚拟仿真、建筑漫游、计算机游戏等。如图 2－1 所示即是 Virtools 软件界面。

Virtools 利用"拖放式"的方法，将行为交互模块赋予在各个交互对象上，然后就可以开始三维虚拟交互设计了。它的优点就是能以流程图的方式，处理交互对象的前后顺序。

当然，Virtools 是一个可视化的交互脚本设计的软件，如图 2－2 所示。

Virtools 除了编辑界面外，还提供程序设计人员使用的 SDK，以便开发新的行为交互模块以及新的硬件驱动。

交互式漫游动画

JIAOHU SHI MANYOU DONGHUA

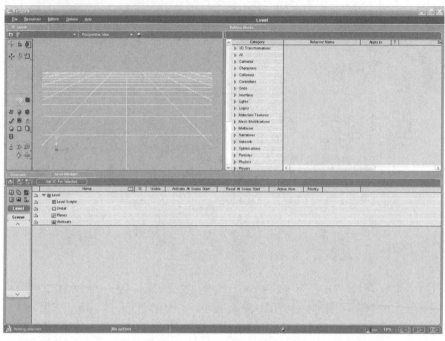

图 2 - 1　Virtools 软件界面

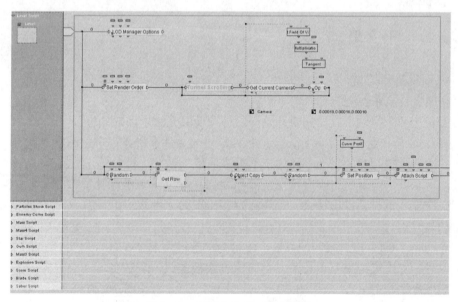

图 2 - 2　可视化的交互脚本设计

2.2 Virtools 软件界面介绍

Virtools 软件界面主要分为五个区域，每个区域都有其特殊的用途。

打开 Virtools 后，最上方为菜单栏，而最底部为状态栏，中间部分为视窗区（主要包括世界编辑器）、资源区（主要包括互动行为模块库以及资源档案库）以及编辑区（主要包括行为编辑器以及档案管理器），如图 2－3 所示。

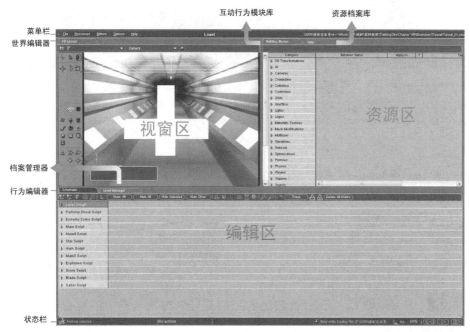

图 2－3 Virtools 界面的区域划分

2.2.1 世界编辑器（3D Layout）

世界编辑器包括顶部工具栏、选择与调节工具栏、网格工具栏、创建工具栏、摄像机工具栏，如图 2－4 所示。

 SnapShot：快照工具可以拍摄世界编辑区全部或者部分画面，拍摄下来的图片可以放置 Script 脚本面板前方的框中，以做校正检阅之用。

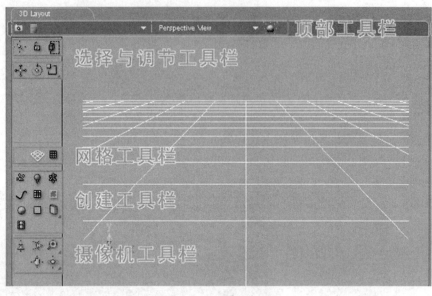

图 2-4　世界编辑器

※ Load Bitmap：读取一张图片并取代现有图片；

※ Save as...：保存图片；

※ Delete：删除图片；

※ Take：在世界编辑区拍摄一张图片到 SnapShot；

※ Capture：截取一张世界编辑区画面的特定区域；

※ Close：关闭 SnapShot 窗口。

3D Layout Explorer：此按键的功能是可以检视场景中的所有物体，并选择想要选择的对象。

Select Camera：点击右边的倒三角形，打开下拉菜单即可以选择切换摄像机。

※ Perspective View：透视图；

※ Top View：顶视图；

※ Front View：正视图；

※ Right View：右视图；

※ Orthographic View：等角透视图。

General Preferences：这个菜单可以使用 Ctrl + P 快捷键来通过，或者通过 Menu Bar/Option/General Preferences 打开。主要功能是可以作外观或者使用习惯上的设定。

Select：选取 2D 或者 3D 物体，其快捷键是 A。

Lock Selection：锁定已选择的 2D 或者 3D 物体，快捷键是空白键 Space。

Selection Mode：用框选区域范围的形式来选择物体。鼠标连续两次点击此按钮，可以切换两种选取模式。

Select and Translate：选择以及移动物体。

Select and Rotate：选择以及旋转物体。

Select and Scale：选择以及缩放物体。

Toggle Reference Guide：显示 3D 参考网格。

Toggle Screen Guide：显示 2D 参考网格。

Create Camera：创立一个摄像机，共有两种摄像机可供使用，分别是 Target Camera 和 Free Camera。

Create Light：创建一盏灯光，共有三种灯光可供使用，分别是 Point、Spot 以及 Directional。

Create 3D Frame：创建一个 3D Frame。

Create Curve：创建一条曲线。

Create Grid：创建一个网格。

Create 2D Frame：创建一个 2D Frame。

Create Materail：创建一个材质球。

Create Texture：创建一张贴图，通过设定 Slot，可以同时提供多张贴图供一个材质球使用。

Create Portal：创建一个入口，Portal 的用处非常大，当场景很大的时候，可以在相邻的两个区域中间创立 Portal，用来判断目前位置能够看到的范围，以显示或者隐藏相应的部分。

Create Video：创建视频文件。

Camera Dolly：点选 Camera Dolly，场景中的摄像机会沿着自身的 Z 轴位移。

Camera Field of View：摄像机不动，调整视野的广度，同时焦距也会改变。

Camera Zoom：摄像机沿着自身的 Z 轴位移。

Camera Pan：在 X、Y 轴方向平移摄像机。

Orbit：在摄像机与目标物体保持一定距离的情况下，控制摄像机与目标物体作环绕动作。

 2.2.2 BB——行为模块（Building Blocks）

Building Blocks 是 Virtools 交互设计的核心，共分 27 组，见图 2-5。

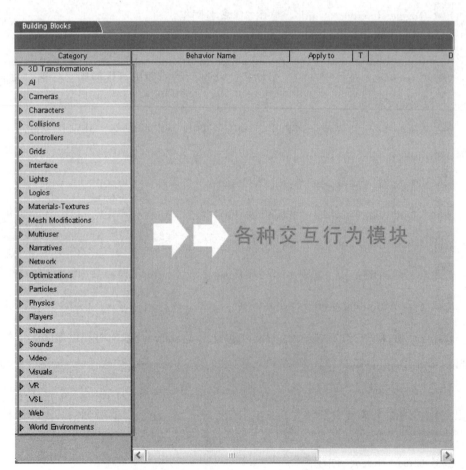

图 2-5 Virtools 行为交互模块

※ 3D Transformations——3D 变换

※ AI——人工智能

※ Camera——摄像机

※ Characters——角色属性

※ Collisions——碰撞

※ Controllers——控制

※ Grids——网格

※ Interface——界面

※ Lights——灯光

※ Logics——逻辑

※ Materials – Textures——材质及贴图

※ Mesh Modifications——模型网格修正

※ Multiuser——多用户

※ Narratives——描述

※ Network——网络

※ Optimizations——最佳化

※ Particles——粒子

※ Physics——物理学

※ Players——玩家

※ Shaders——着色器

※ Sounds——声音

※ Video——视频

※ Visuals——视觉效果

※ VR——虚拟实境

※ VSL——Virtools 脚本语言

※ Web——网络

※ World Environments——世界环境

 ### 2.2.3　素材库（Data）

在 Virtools 中，素材库就像一个仓库，能容纳各种档案的素材。共分为 11 类，分别是 2D Sprites、3D Entities、3D Sprites、Behavior Graphs、Characters、Materials、Sounds、Textures、Video、VR、VSL，如图 2 – 6 所示。

※ 2D Sprites：存放 2D 图片、3D 场景中背景或者界面素材的文件夹，具有 X 轴和 Z 轴的特性；

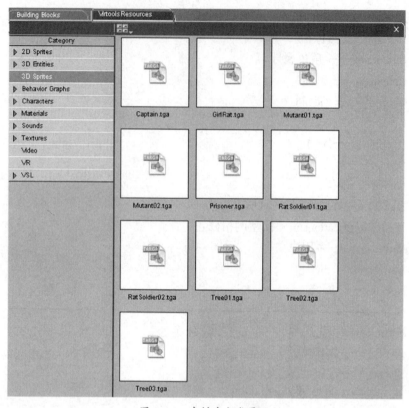

图 2-6 素材库分类界面

※ 3D Entities：存放格式为 .NMO 的所有 3D 几何对象以及角色对象的文件夹；

※ 3D Sprites：存放 2D 平面图，与 2D Sprites 中的图片所不同的是这些图片可以对应 3D 空间，比如爆炸效果的序列贴图，与 2D Sprites 所不同的是，3D Sprites 同时还具有 Y 轴的特性；

※ Behavior Graphs：存放自己或者他人制作的交互行为模块，以便需要的时候及时调用；

※ Characters：存放以虚拟角色为单位的 3D 角色对象，Characters 指的不仅仅是人物，也可以是小鱼或者椅子，甚至还可以是一面墙；

※ Materials：存放材质的文件夹；

※ Sounds：存放声音的文件夹，音效格式可以是 .WAV、.MP3、.WMA 等；

※ Textures：存放各种纹理贴图的文件夹；

※ Video：存放视频的文件夹；

※ VR：存放 VR pack 的相关文件；

※ VSL：存放使用 VSL 编写的行为模块。

2.2.4 脚本编辑区（Schematic）

Schematic 是用来编辑程序的地方，也是 Virtools 区别于其他虚拟交互软件的地方，通过以流程图的方式来编辑物体间的交互属性。Schematic 主要分两个部分，左边的部分用来显示 Schematic 的名称，右边的部分用来编辑行为交互模块，见图 2－7。

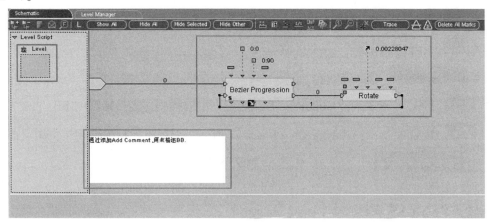

图 2－7 Schematic 的组成

 Maximize（Open）：展开所有选中的 Script 脚本。

Maximize（Close）：折叠所有选中的 Script 脚本。

Schematic Explorer：检视 Schematic 中的所有物体，并选择想要选择的对象。此功能和 3D Layout Explorer 功能类似。

Message Explorer：显示所有 Scripts 中信息传送的关系。

Schematic Find：快速搜寻脚本。

Show All：显示所有脚本。

Hide All：隐藏所有脚本。

Hide Selected：隐藏已选择的脚本。

Hide Other：隐藏未选择的脚本。

Show/Hide Local Parameters：显示或者隐藏局部参数。

Show/Hide Script Headers：显示或者隐藏 Script 最左边的脚本标。

Show/Hide Control Point：显示或者隐藏连接线上的控制点。

Show/Hide Link Information：显示或者隐藏连接线上的 Delay 值。

Behavior Links（blinks）：设定 blinks 的相关参数。

Show/Hide Priorities：显示或者隐藏 Scripts 上的优先权。

Reset Schematic Zoom and Position：重新设置脚本流程图。

Zoom Mode：缩放模式。

Script Debugger：脚本出错工具。

Trace Mode：追踪工具。

Links with Errors Explorer：在载入程序的时候列出连接错误的 BB。

Obsoleter or Invalid Building Block Explorer：旧版本的行为交互模块浏览器。

Delete All Marks：删除全部标记。

 2.2.5　层级管理器（Level Manager）

在 Level Manager 中，囊括了所有场景中的物体，并分门别类的加以区分，如图 2 - 8 所示：

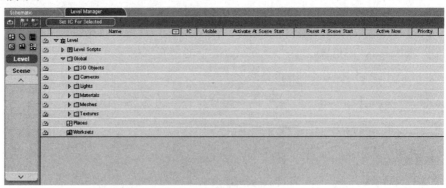

图 2 - 8　Level Manager 界面

Toggle Item Show/Hide：将 Level Manager 中设定为隐藏的物体显示出来。

Expand button：展开所选项目的子目录。

Collapse button：关闭所选项目的子目录。

Set IC For Selected　Setting Initial Conditions（IC）for Selected：设置初始状态。

　　Create New Place：在 Place 资料夹中创建一个新的场所。

　　Create New Groups：在 Global 资料夹中创建一个新的群组。

　　Create New Array：在 Global 资料夹中创建一个新的阵列。

　　Create New Scene：创建一个新的场景。

　　Create New Workset：在 Workset 资料夹中创建一个新的工作集。

　　Create New Script：创建一个新的脚本。

Level　Level Mode：切换到层级模式。

Scene　Scene Mode：切换到场景模式。

∧　Up Arrow：向上选择场景。

∨　Down Arrow：向下选择场景。

'Door02' selected　Selection Name：显示选中场景的名称。

No action　Action：显示目前使用操作的名称。

　　Event Log Information：显示执行操作事件的信息。

NA　FPS　FPS：显示程序每秒播放的帧数。

IC◁　Reset IC：停止播放模式或者复位所有资料至初始状态。

▷　Play/Pause：播放或者暂停作品播放。

▷▷　Advance One Step：播放下一帧。

 ## 2.3　资源整合及导入 Virtools 中

 ### 2.3.1　从 3ds Max 中导入到 Virtools 注意事项

　　Virtools 中所需的场景资源可以从很多建模软件中获得，比如 3ds Max、Maya 等软件。本书就以 3ds Max 文件为例，导入到 Virtools 中。

安装后可以在 3ds Max 的安装目录 Plugins 中检测到是否有 Max2Virtools.dle，如图 2-9 所示。

图 2-9 Max2Virtools.dle 文件

注意事项：

1. 几何物体的导出

※ 简单的常规几何体

※ 添加了 Edit Mesh 修改器的网格物体

※ 添加了 Mesh Smooth 修改器的光滑组物

※ 输出映射物体，材质以及顶点颜色

2. 灯光系统的导出

※ 灯光的开关

※ 灯光颜色

※ 灯光作用范围

※ 灯光镜面效果

3. 摄像机运动动画的导出

在 3ds Max 所有的摄像机都是可以导出的，但 Virtools 中本身具有添加摄像机的功能，一般我们需要导出的是摄像机的动画。

4. 材质和纹理的导出

Virtools 并不支持双重材质的导入，在 3ds Max 输出之前需要把多层材质进行烘焙。

5. 样条线的导出

当我们输出样条线的时候，只有顶点的信息会被输出，然后在 Virtools 中通过插值算法计算出来，而且文件格式是被 Virtools 支持的 Curve 曲线形式。

需要注意的是：在 3ds Max 中，被当做路径的样条是不会被导出的。

 2.3.2 导入模型

在 3ds Max 中打开本书光盘中的 "sence \ charpter - 2 \ 0201 - Mesh - New.max" 文件，场景中有一个祥云图案的立体模型，如图 2-10 所示。

图 2 – 10　祥云图案的立体模型

在 3ds Max 中执行 File/Export，将输出类型改为 Virtools Export（＊.NMO，＊.CMO、＊.VMO），指定好保存路径之后，点击"保存"，如图 2 – 11 所示。

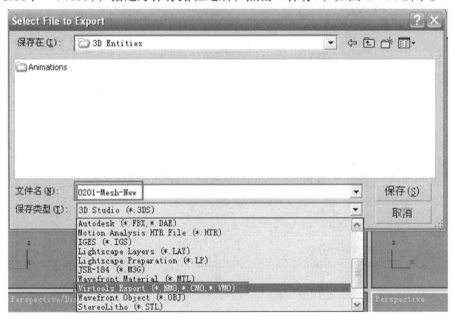

图 2 – 11　导出模型

在弹出 Virtools Export 对话框中，更改文件名称，完成后，点击"OK"，如图 2 – 12 所示。

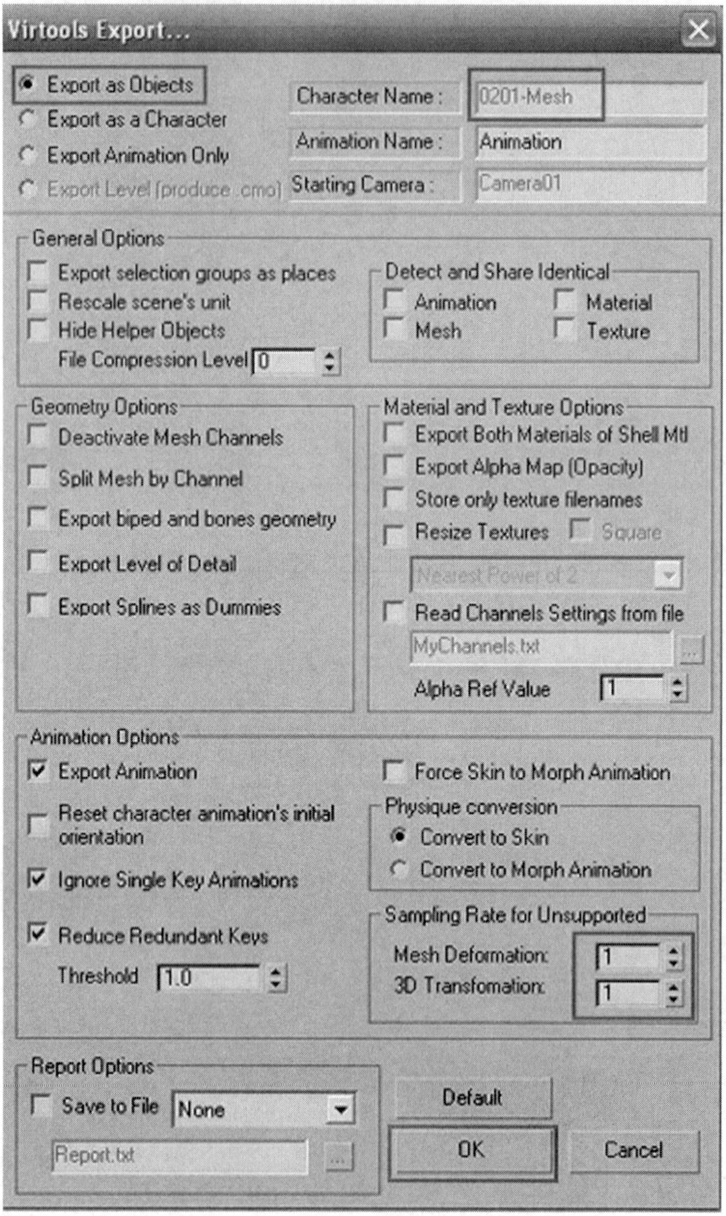

交互式漫游动画

JIAOHU SHI MANYOU DONGHUA

图 2 – 12　Virtools Export 对话框设置

　　在 Virtools 中执行 Resources/Import File，打开刚才保存的 .NMO 模型文件，即可以将刚才保存的模型文件导入到 Virtools 中，也可以参考"sence \ charpter – 2 \ 0201 – Mesh – Final.nmo"文件，如图 2 – 13 所示。

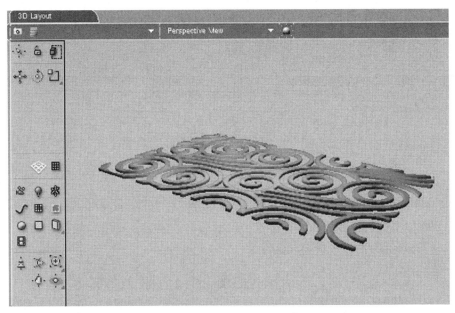

图 2 – 13 将 0201 – Mesh 模型导入到 Virtools 中

 ### 2.3.3 初始状态

在 Virtools 中打开本书光盘中的"sence \ charpter – 2 \ 0202 – IC – New.cmo"文件，场景中有一个祥云图案的立体模型。

选择祥云图案模型，然后在 Level Manager 面板中点击"Set IC for Selected"，为模型设定初始值，如图 2 – 14 所示。

图 2 – 14 为祥云图案设定初始值

当为模型设定初始值之后，不管怎么修改模型，只要点击"Restore IC"，模型就会回到设定初始值时的状态，可以参考"sence \ charpter – 2 \ 0202 – IC – Final.cmo"文件。

 2.3.4 素材库的创建

在上一小节中，其实我们已经涉及将模型从 3ds Max 导入 Virtools 中了，但是问题是我们如何存放这些文档呢？是将它们随便放在硬盘的某个角落吗？不是的。设计制作一个虚拟交互作品，要涉及成千上万个档案文件，我们要将它们分门别类的储存，以备使用查找。

素材库的创建其实非常简单，在 Virtools 中执行 Resources/Create New Data Resource，在弹出的对话框中输入存放路径以及命名名称后，点击"保存"，就可以创建一个新的素材库了，如图 2 – 15 所示。

图 2 – 15 素材库的创建

 2.3.5 作品发布

在制作完成后，需要将制作完成的作品进行发布。目前来说，有很多种发布方式，可以利用特定的方式发布成可执行文件的 .EXE 格式，也可以发布成网页格式。在这一节中，我们要一起将一个作品发布成网页格式。

在 Virtools 中执行 File/Load Composition，打开本书光盘中的 "sence \ charpter – 2 \ 0202 – WEB – New.cmo 文件"，在场景中有一个会旋转的祥云模型，还有一架摄像机。

执行 File/Create Web Page，打开 Export to Virtools Player 对话框。在对话框中选择好储存路径以及给文件命名，点击 "保存"。注意，保存路径要在英文路径下，也尽可能用英文或者阿拉伯数字命名，如图 2 – 16 所示。

当然，还有其他很多发布方式，读者朋友可以先想想，在本书的后面将会介绍其他方法。

图 2 – 16　选择储存路径以及给文件命名

在确保安装 3D Life Player 的情况下，播放我们刚刚输出的 Rotate 文档，也可以参考 "sence \ charpter – 2 \ 0202 – WEB – Final" 文件。

 ## 2.4　虚拟交互设计流程展示：打开一扇门

在这一小节中，我们将要向各位读者朋友展示一下如何来进行虚拟交互设计，以 "打开一扇门" 为例子，带领大家进入这神秘的虚拟交互设计。

虚拟交互设计主要有以下四个阶段的工作：

※ 模型制作以及资源整合；

※ 导入到 Virtools 中；

※ 虚拟交互程序编写；

※ 作品发布。

好，那现在我们就开始吧。

在 3ds Max 中执行 File/Open，打开本书光盘中的"sence \ charpter – 2 \ 0203 – Door – New.max"文件，场景中有一个贴完图的门的模型，如图 2 – 17 所示。

图 2 – 17　max 模型 0203 – Door – New

选择门的所有零件，执行 File/Export Selected，打开"Select File to Export"对话框，设置保存路径以及命名文件名称，我们将模型"门"保存在上文中创建的素材库"Data"中，如图 2 – 18 所示。

图 2 – 18　设置保存路径以及给文件命名

弹出 Virtools Export 对话框，先点选"Export as a Character"前面的小圆点，将"Character Name"栏中的名称命名为"0203 – Door – New"，然后重新点选"Export as Objects"前面的小圆点，如图 2 – 19 所示。

注意：更改文件名称只能在"Export as a Character"状态下修改。

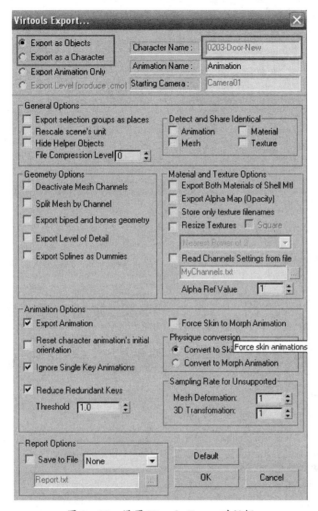

图 2 - 19　设置 Virtools Export 对话框

在前面创建的素材库 Data/3D Entities 已经找到我们刚刚导出的模型文件了，如图 2 - 20 所示。当然，在 Virtools 的资源库面板中我们也能找到这个模型文件，如图 2 - 21 所示。

图 2 - 20　素材库 Data/3D Entities 中的模型文件

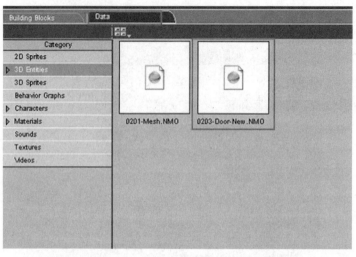

图 2 - 21　Virtools 的资源库面板中的模型文件

这样，我们就完成了第二步的工作模型导出任务。接下来，我们就要开始进行虚拟交互制作了。

在 Virtools 资源库的面板中，拖动 "0203 - Door - New" 文件到编辑视窗中，调整模型的材质 Emissive 值，如图 2 - 22 所示。

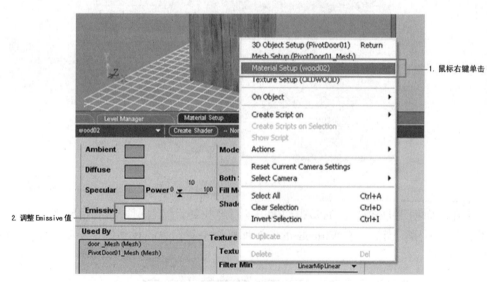

图 2 - 22　调整模型的材质 Emissive 值

或者可以执行 File/Load Composition，打开本书光盘中的 "sence \ charpter - 2 \ 0203 - Door - New" 文件，场景中有一个已经设定材质 Emissive 值的门的模型，如图 2 - 23 所示。

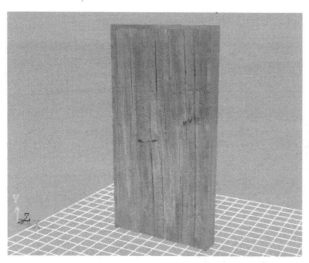

图 2-23 Door-New 模型

模型已经打开了，在接下来的步骤中，我们需要通过"空格键 Space"来打开这扇门。

点击 Level Manager 面板，可以发现在 Global 下面包含了 3D Objects、Materials、Meshes、Textures，在这些文件夹中分别存放模型"门"的 3D 物体、材质、模型以及贴图，如图 2-24 所示。

图 2-24 Level Manager 面板

展开 3D Objects 并选择旋转门"PivotDoor01"，然后点击 Create Script 为"Pivot-

Door01"创建 Script，如图 2 - 25 所示。

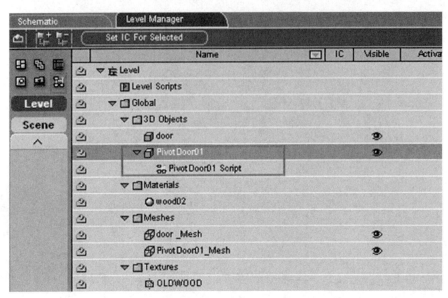

图 2 - 25 创建 Script

在开始编写 BB 前，可以为物体"PivotDoor01"添加一个摄像机，命名为"Main Camera"。然后选择 3D Object 下的"door"、"PivotDoor01"以及"Main Camera"，点击 Set IC for Selected，为物体门以及摄像机创建初始值，如图 2 - 26 所示。

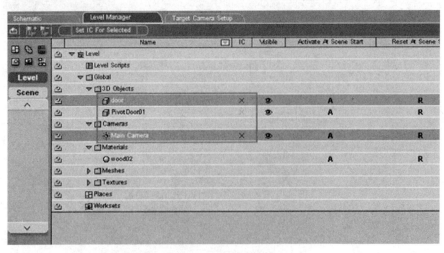

图 2 - 26 创建初始值

切换到 Schematic 面板，可以看到刚刚为"PivotDoor01"创建的 Script，如图 2 - 27 所示。

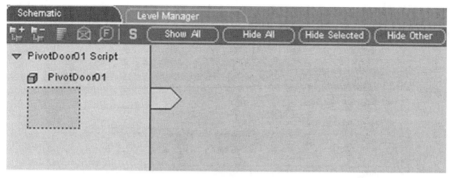

图 2 – 27 Schematic 面板中的 Script

到 Building Blocks 面板中将 Wait Message（Logics/Message）BB 拖拉到 Pivot-Door01 Script 中，也可以按下 Ctrl，鼠标双击 Schematic 面板的空白处，在弹出的快捷菜单中输入"M"，即可以找到 Wait Message BB，如图 2 – 28 所示。

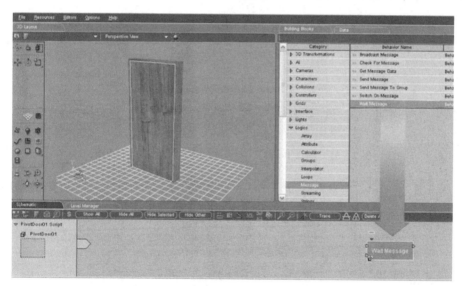

图 2 – 28 添加 Wait Message BB

同理，我们继续在 Building Blocks 面板中将 Bezizer Progression BB 以及 Rotate BB 拖拉到 PivotDoor01 Script 中，如图 2 – 29 所示。

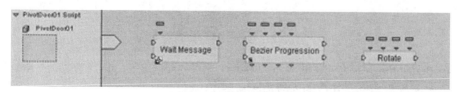

图 2 – 29 添加 Bezizer Progression BB 以及 Rotate BB

交互式漫游动画

JIAOHU SHI MANYOU DONGHUA

双击 Bezier Progression BB 上面的第二个参数，将 Parameter Type 改为 Angle，Degree 设定为 0，如图 2 - 30 所示。

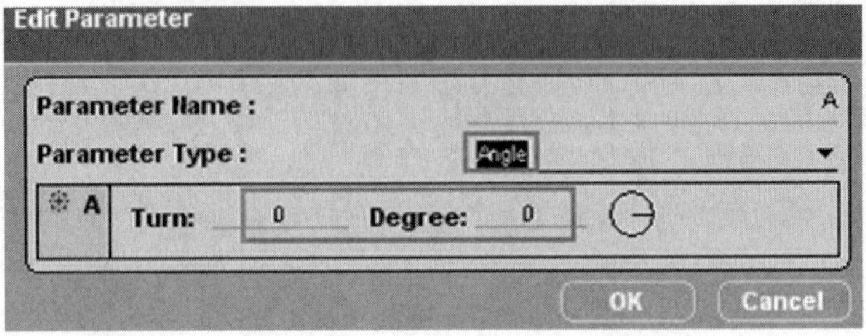

图 2 - 30　修改 Bezier Progression BB 上面的第二个参数

双击 Bezier Progression BB 上面的第三个参数，将 Parameter Type 改为 Angle，Degree 设定为 - 135，如图 2 - 31 所示。

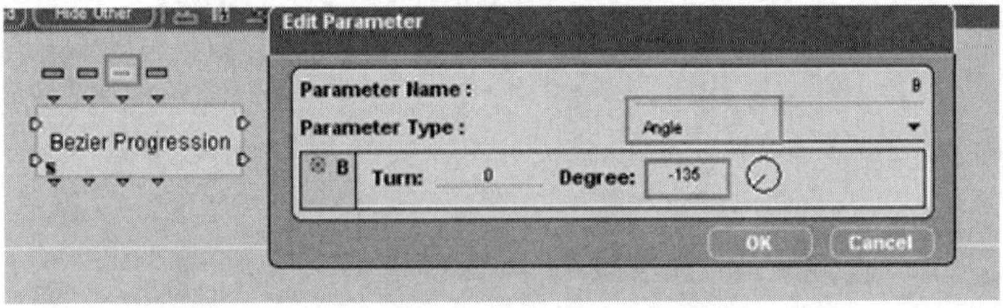

图 2 - 31　修改 Bezier Progression BB 上面的第三个参数

双击 Rotate BB，将参数 Axis of Rotate 设置为（X：0、Y：1、Z：0），Degree 设定为 0.5，Referntial 设定为 PivotDoor01，如图 2 - 32 所示。

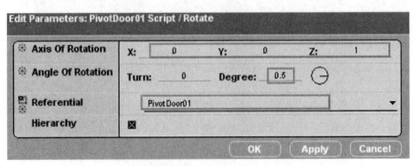

图 2 - 32　修改 Rotate BB 的参数

将 Bezier Progression BB 的 pOut（Delta）和 Rotate BB 的 pIn（Angle of Rotation）连接，实现参数共享，其余的连线请参考图 2 - 33。

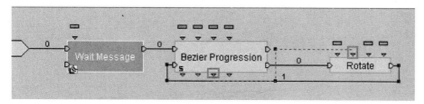

图 2 - 33　参数共享

　　这个入门案例就已经制作完成了，大家可以运行程序，然后点击物体"Pivot-Door01"，可以发现，当鼠标点击后，门就开始旋转了。也可以参考"sence \ charpter - 2 \ 0203 - Door - Final"文件。

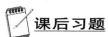 **课后习题**

1. 应用 Virtools，将模型、图片、视频、音频文件分别存放到素材库中，然后制作简单的虚拟场景。
2. 使用 Virtools，思考一下，通过键盘就可以将门打开了吗？
3. 在 Virtools 建立一个属于自己的素材库，并将各种 * .NMO 格式的数据文件拷贝到相应的文件夹中。

第二篇
动画场景模型的准备

第三章

动画场景中建筑模型的制作流程

1　分析 CAD 图纸
2　CAD 文件导入 Max
3　制作规范
4　3ds Max 模型的建立过程

本章重点

　　讲述设计方案的导入与模型建立这两个环节，其他内容将在后面一章中讲解。

 ## 3.1　分析 CAD 图纸

漫游动画场景的制作流程如下：
※ 设计方案的导入
※ 模型的建立
※ 材质的制作
※ 灯光的架设
※ 烘焙贴图
※ 场景的输出

我们在建立漫游动画的场景之前，首先要分析图纸，了解建筑师的设计意图、空间形态的关系和建筑的功能，并根据设计师的要求来确定要建立的场景模型的立体情况。

在本书中，我们以一栋别墅的漫游为例。如图 3－1 所示，是建筑的 CAD 文件，是一个别墅的方案。观察 CAD 图，该图中有平面图、立面图。分析一下图纸，可以判断这是一个简洁主义的现代的方案，大面积的墙体和玻璃进行了很规矩的分割。在这里，需要我们对各个视图综合观看，对于整个别墅的空间结构有整体的认识。

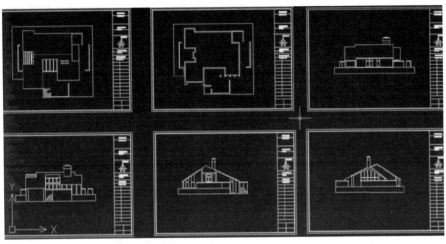

图 3 - 1 建筑的 CAD 图

 ## 3.2 CAD 文件导入 Max

(1) 打开 CAD 软件，单击"文件"—"打开"，弹出"选择文件"对话框，打开配书光盘 \ 范例模型 \ cad 图纸 \ 别墅 .dwg 文件，如图 3 - 2 所示。

图 3 - 2 打开 CAD 文件（一）

(2) 单击 打开(0) 按钮，就打开了将要创建的别墅的所有 CAD 文件，如图 3 - 3 所示。

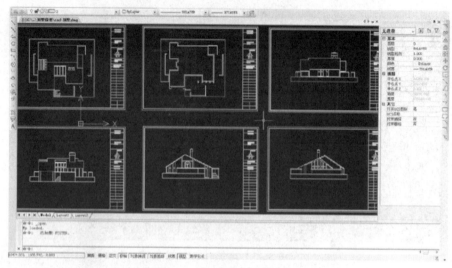

图 3-3 打开 CAD 文件 (二)

（3）选择"放大" 工具放大一层平面图，如图 3-4 所示。

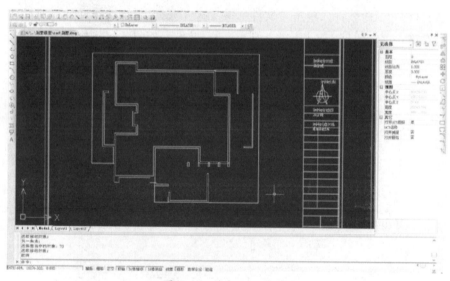

图 3-4 放大 CAD 文件

（4）在当前线图中，用"移动"工具 ，框选中一层的线图，如图 3-5 所示。由于我们要把图纸中的各个平面图分别导入 3ds Max 场景中，因此把建模所需要的部分转化为"块"，并同时生成一个新的文件。在命令栏中键入"W"（WBLOCK），按"Enter"键确定，如图 3-6 所示。

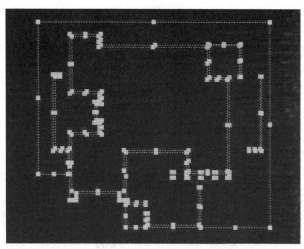

图 3-5 将文件导入 3ds Max 场景中（一）

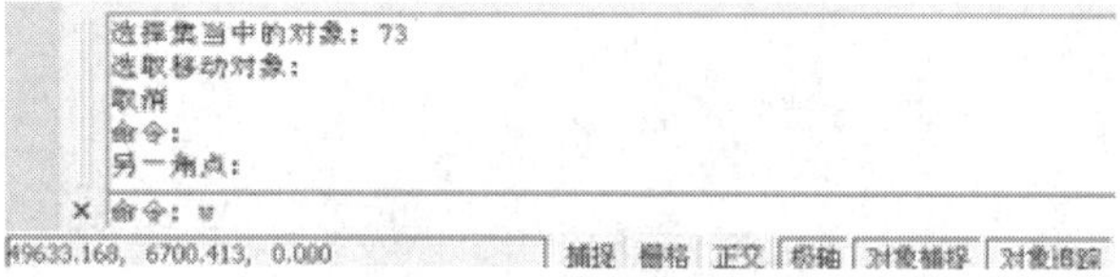

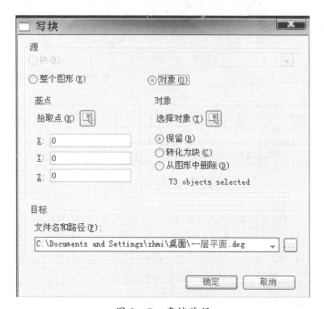

图 3-6 将文件导入 3ds Max 场景中（二）

（5）弹出"写块"对话框，选择"文件和路径"，文件名为"一层平面 .dwg"，然后单击"确定"，如图 3-7 所示。

图 3-7 存储路径

（6）在 CAD 软件中，重新打开"一层平面 .dwg"文件，框选中所有部分，单击命令面板中的 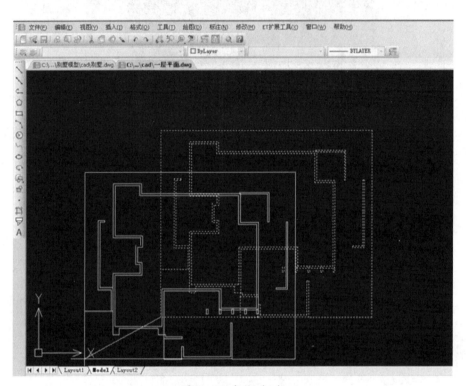 移动 命令，按"Enter"确定，然后选择图形的左下角的基点，如图 3－8 所示，在命令行中键入（0,0,0），如图 3－9 所示，单击工具栏上的"保存"按钮，进行存盘。这样便于导入 3ds Max 的定位准确。

图 3－8　定位（一）

位移点: 0,0,0

20429.478, 5439.404, 0.000

图 3－9　定位（二）

（7）用此方法把建模所需要的平面图、立面图及剖面图都组成块。

（8）下面学习如何将我们准备好的 CAD 图导入 3ds Max 中，并根据 CAD 文件的信息精确建模。打开 3ds Max9 软件，首先我们设置统一的单位：在 Max 中建模的时候，将单位设置为 1Unit = 1Meter。打开菜单栏中的自定义（Customize）选项，选择单位设置（Units Setup）一栏，如图 3－10 所示。

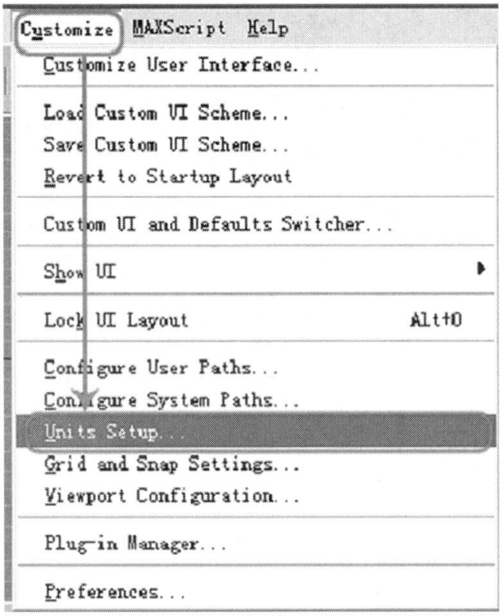

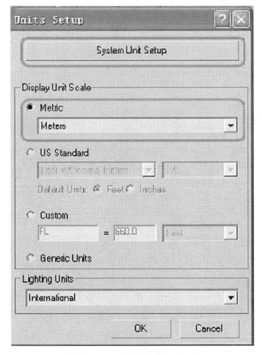

图 3 - 10 单位设置（一）

在弹出的面板中点击系统单位设置按钮（System Unit Setup），如图 3 - 11 所示。

图 3 - 11 单位设置（二）

在弹出的面板中选择设置 1Unit = 1Meters，并且勾选文件中的系统单位（Respect System Units in Files 选项），如图 3 – 12 所示。

图 3 – 12 单位设置（三）

以这样的世界比例尺为基准我们可以开始设定世界中各物体的体积大小。

 注意： 当将单位设置完毕后，那么在 3ds Max 中，一个框格所代表的单位大小为真实世界的一平方米，也就是说在 3ds Max 中制作了一个一平方米大小的物体，当这个物体导入 Virtools 之后，它在 Virtools 里所代表的大小也是一平方米。

（9）单击菜单栏中的"文件"—"导入"命令，在弹出的"选择要导入的文件"对话框中，选择刚保存的"一层平面.dwg"文件，如图 3 – 13 所示，单击"打

图 3 – 13 打开导入文件（一）

开"按钮。弹出"AutoCAD DWG/DXF 导入选项"。设置"传入的文件单位"为"毫米",这是为了与 CAD 图纸中的单位统一。单击"确定"按钮,将其导入 3ds Max 当前场景中,如图 3-14 所示。

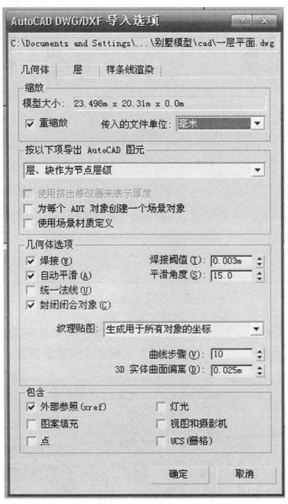

图 3-14 打开导入文件(二)

 注意: 文件类型系统默认为 * .3ds 扩展名的格式,因此在选择"一层平面"文件时,切记把文件的类型改为 * .dwg 格式,否则,由于扩展名的不同,在对应的目录下看不到我们要选择的文件名称。

(10)下面利用"层管理器"中 创建几个新层,分别按视图名称命名,如图 3-15 所示。以便将其他的视图导入时,不互相影响。

图 3 – 15 创建新层

（11）选择不同的层，导入相应的视图。在同一个 Max 的文件中，把所用的视图放在对应的位置，如图 3 – 16 所示，接下来精确建模辅助使用。

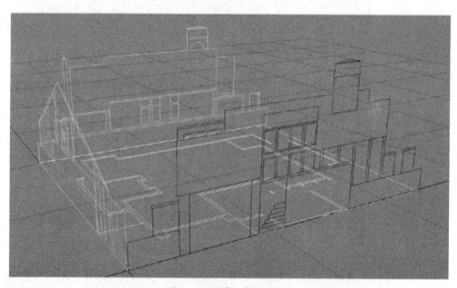

图 3 – 16 导入相应视图

3.3 制作规范

由于制作漫游动画是一种特殊的交互性动画，对于模型以及材质贴图有其特殊的要求。在开始制作模型之前，我们把需要注意的规范先介绍给大家。

3.3.1 基本制作规范

1．单位设置与统一

在 Max 中建模的时候将单位设置为 1Unit = 1Meter。

打开菜单栏中的自定义（Customize）选项，选择单位设置（Units Setup）一栏。

在弹出的面板中点击系统单位设置按钮（System Unit Setup）。

在弹出的面板中选择设置 1Unit = 1Meters，并且勾选文件中的系统单位（Respect System Units in Files 选项）。

以这样的世界比例尺为基准我们可以开始设定游戏世界中各物体的体积大小。

2．Pivot 旋转轴心的规范与设置

当最终的虚拟漫游系统作品中的物体涉及旋转等互动问题时，Pivot 旋转轴心的设置会变得相当重要，所以在制作模型时，一定要将 Pivot 旋转轴心进行重新设置。

设置方法如图 3 - 17 所示：

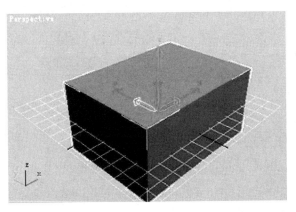

图 3 - 17　Pivot 旋转轴心的规范与设置

3．Scale 缩放规范

不统一的 Scale 缩放会带来一系列问题，特别是在虚拟漫游系统中制作碰撞效果时，影响比较大。统一 Scale 缩放的方法之一就是 Reset XForm。

使用 Reset XForm 之前和之后的区别如下：

没有使用 Reset XForm 之前，如图 3－18 所示。

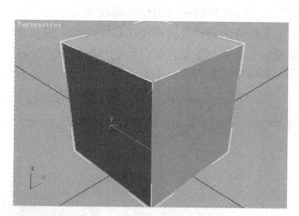

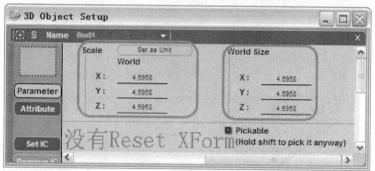

图 3－18　没有使用 Reset XForm 之前

使用 Reset XForm 之后，如图 3 – 19 所示。

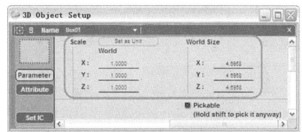

图 3 – 19　使用 Reset XForm 之后

交互式漫游动画

JIAOHU SHI MANYOU DONGHUA

4. 几何体的转换规范

Virtools 支持的几何模型有 Mesh 和 Patch 二种模式，大多数情况下，我们转换成标准的 Mesh 模式即可，如图 3 – 20 所示。

Patch Mesh 主要用于模型进行自动的 LOD 显示，所谓 LOD，就是可以根据物体呈现在画面上的大小而增减面数，或者是替换不同精致度的模型。

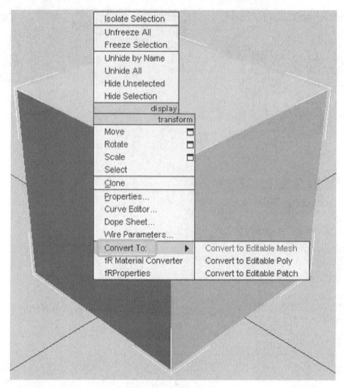

图 3-20 几何体的转换规范

5. Texture 贴图以及 UVW 贴图轴调节规范

Virtools 支持的 Texture 贴图类型有：JPG、BMP、TGA、PNG、PCX、TIF、DDS。Texture 贴图的尺寸以 2 的幂次方为宜，如图 3-21 所示。

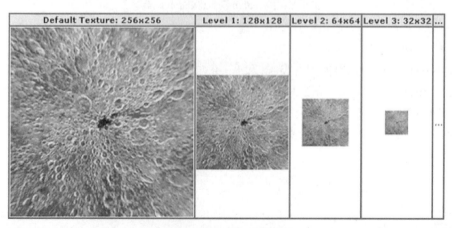

图 3-21 Texture 贴图规范

Virtools 支持的透明贴图一般使用：BMP、TGA、PNG、DDS。

透明贴图在 3D Engine 中比较占用资源，所以制作时原则上透空面积尽量减少，如图 3 – 22 所示。

图 3 – 22　UVW 贴图轴调节规范（一）

贴图下方留 2Pixels 像素，避免 3D Engine 引擎会多吃 Pixels 像素，如图 3 – 23 所示。

图 3 – 23　UVW 贴图轴调节规范（二）

无缝纹理贴图的使用，如图 3 – 24 所示，将会在第四章详细讲解。

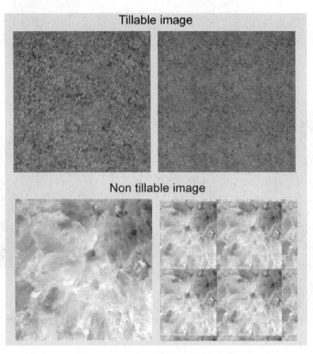

图 3 – 24　无缝纹理贴图的使用

我们可以根据需要对 UVW 的 Mapping 映射方式进行选择，如图 3 – 25 所示。

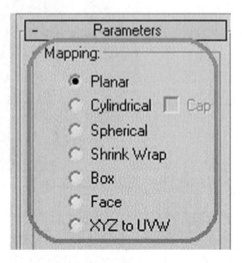

图 3 – 25　UVW 的 Mapping 映射方式选择

UVW 贴图轴调节，如图 3 – 26 所示。

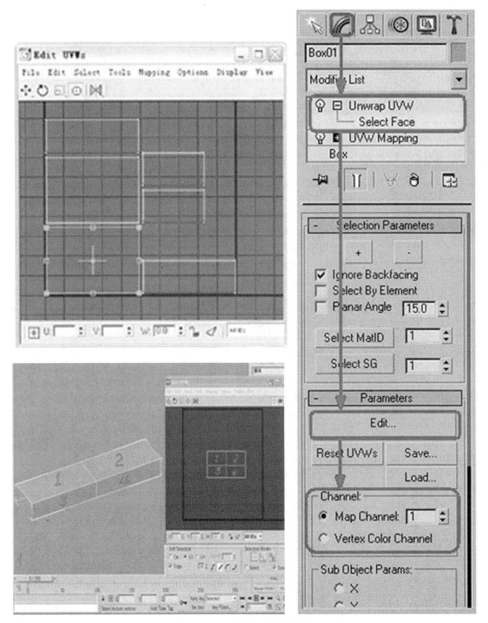

图 3 – 26　UVW 贴图轴调节

6. Material 材质球使用规范

Virtools 支持 Material 材质类型有：Standard（标准材质）、Blend（混合材质）、

composite（合成材质）、Multi/Sub – Object（多重/子维材质）、Shell Material（壳材质），如图 3 – 27 所示。

图 3 – 27　Material 材质球使用规范

Max 中可以输出的材质 Map 数据有：Diffuse Color（漫反射贴图）、Opacity（不透明贴图）、Bump（凹凸贴图）、Reflection（反射贴图），如图 3 – 28 所示。

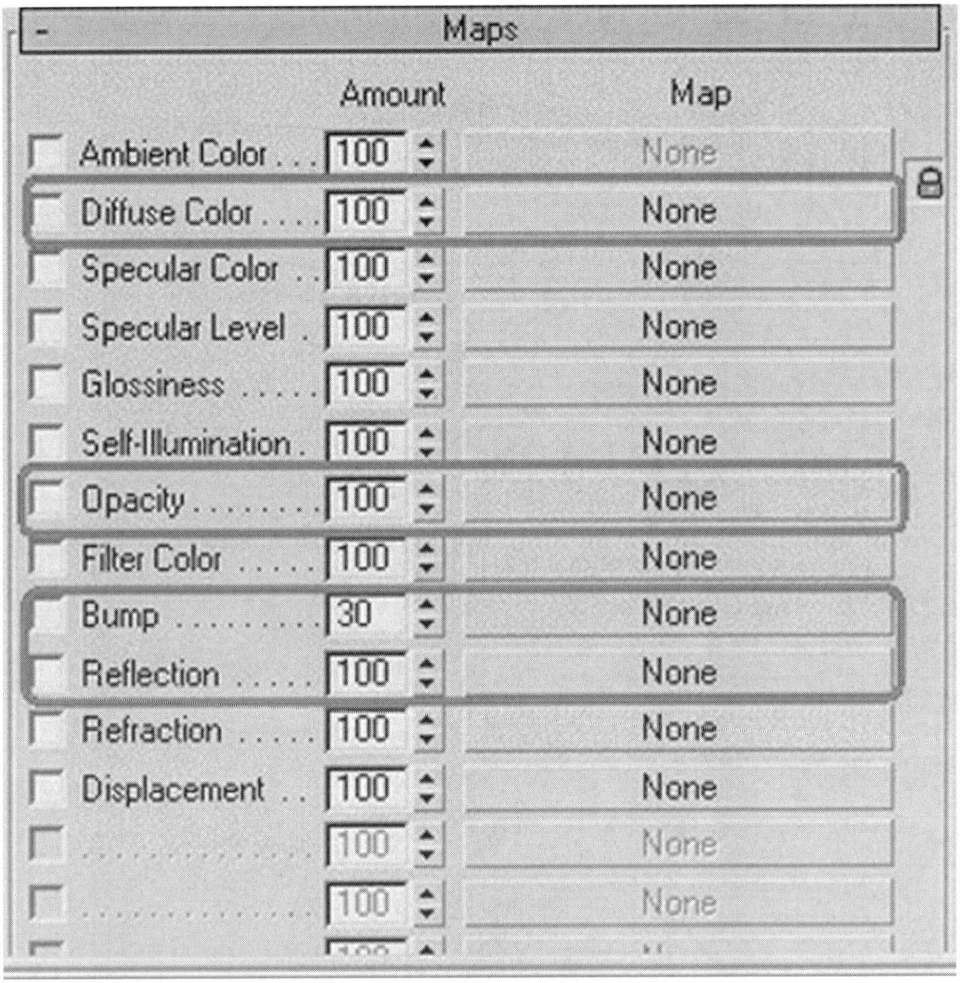

图 3 - 28　输出的材质 Map 数据

 注意： 最新的 Max Export 支持 Bump 和 Reflection Maps，Virtools 中的材质效果为 Environment Bump Material Effect。必须将材质球与本材质球使用的贴图命名一致，方便在 VT 里的管理使用。

7. 场景的输出规范

Max 中的场景一般是作为 Object 输出，如图 3 - 29 所示。

 注意： Max 中的 Show/Hide 物体可直接导出到 Virtools 中，并对应 Show/Hide 显示。

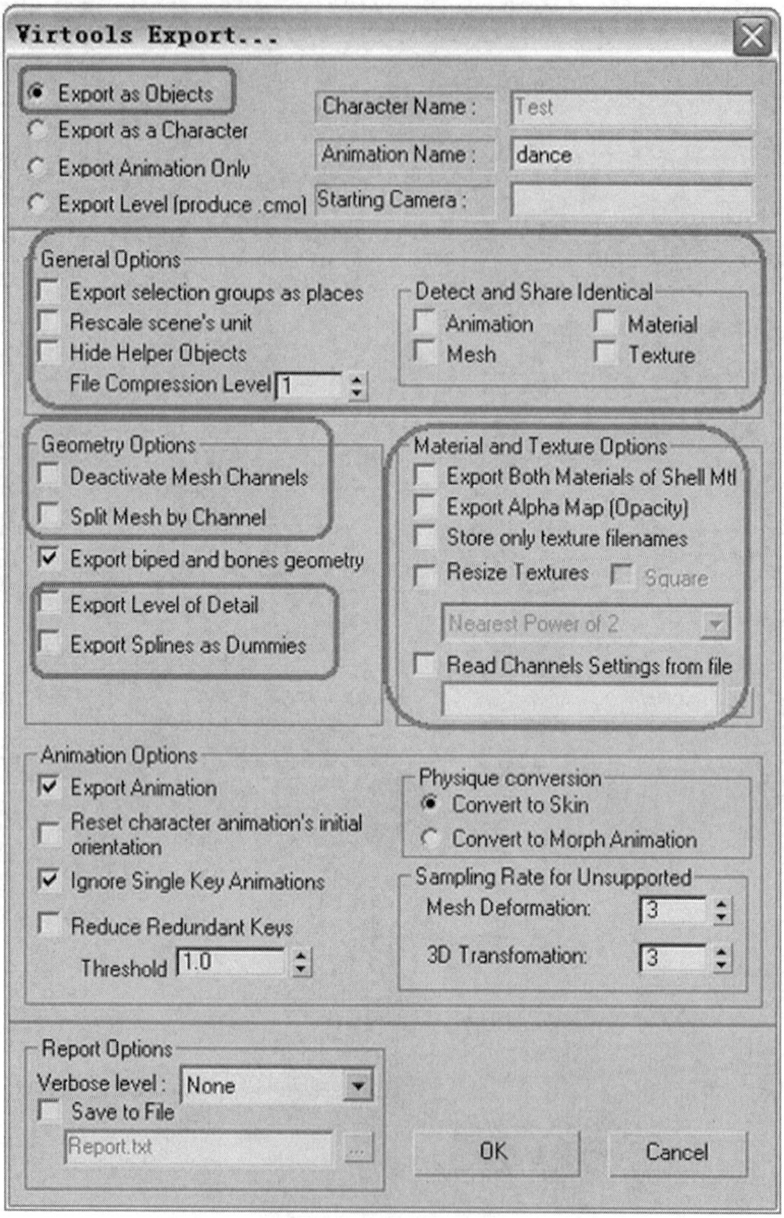

图 3-29　场景的输出规范

8．文件管理规范

文件管理有很多种规范方式，鉴于本项目的制作性质以及团队工作习惯，为了方便管理，必须采用一套科学的文件命名规则。由于 Max 模型导入 Virtools 中是按照 0～9、a～z 的顺序排列的，所以我们可以利用这一点给模型文件归类。比如我们将角色模型定为 1、场景模型定位 2、物品模型定为 3……，可以在游戏策划阶段列出类似下面的模型管理档案，如表 3 - 1 所示。然后根据 001 来规范模型所在区域。

表 3 - 1　模型管理档案表

编 号	类　别	名　称	描　述	尺　寸（m）
1	角色	01 001 man0001	行人 1	0.5 × 0.35 × 1.8
2	角色	01 001 man0002	行人 2	0.9 × 0.3 × 1.5
⋮	⋮	⋮	⋮	⋮
15	场景	02 001 mountain0001	山地场景	600 × 500
16	场景	02 001 house0001	房子	80 × 30 × 30
⋮	⋮	⋮	⋮	⋮
31	物品	03 001 plant0001	树	0.2 × 0.1 × 0.1

这样，模型将会按照规则的类别进行排列，我们在 Virtools 中进行编辑的时候，查找对象就会非常方便。

3.3.2　几个原则

1. 减面原则

尽量节约使用每一个三角面，利用贴图来弥补模型上造成的不足。另外应当删除看不见的三角面，如图 3 - 30 所示。这样可以减少在 VT 之中，对于引擎的负担。

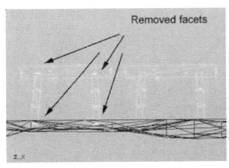

图 3 - 30　删减多余的三角面

2. 合并原则

将多个次要对象通过布尔运算，合并成一个对象，减少 Virtools Render Engine 在 Hierarchy 处理的工作量，便于场景的管理，如图 3 - 31 所示。

图 3 – 31　合并同一对象的三角面

3．拆分原则

整条场景没有切割时，所有面的数据都会载入内存；当进行适当的切割后，利用 Portal 组件，使场景中只有摄像机看得见部分的资料加载入内存中。

4．模型的重复使用

在 Virtools 中，可以通过 Duplicate 复制操作，使多个模型共用一个 Mesh，如图 3 – 32 所示。这样的制作可以为 Engine 引擎节省较多的时间。

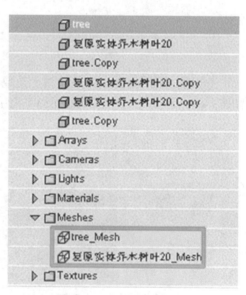

图 3 – 32　模型的重复使用

下面通过一个实际项目的审查内容，给以上要注意的部分作个总结，见表 3 – 2、表 3 – 3、表 3 – 4。

表 3－2　模型方面审查表

序　号	审　查　项	参　看
1	Max 中的单位设置为米	单位
2	模型按实际尺寸建模，模型的坐标轴在物体中心，单体模型轴心置于模型底部中心	单体模型轴心位置
3	需要与实际大地坐标对应的场景必须按照实际坐标和尺寸来做	精确度
4	物体的段数设置精简	基本的优化制作技术
5	物体光滑设置正确	光滑显示
6	没有共面和相距太近的面	模型组合结构
7	将看不见的面删除	模型组合结构
8	将无用点焊接或移除	基本的优化制作技术
9	将场景中的所有物体 Attach 成一个节点的物体（是否有其他更改在建模之前会详细说明）	—
10	导出 3ds 文件，3dMax 文件与贴图在同一目录下，并且贴图及模型路径中不包含中文	—
11	模型不要用镜像，也不要出现负数的缩放，不然输出后很可能会出现法线翻转的现象	—

表 3－3　材质方面审查表

序　号	审　查　项	结　论
1	材质球类型是 Blinn	—
2	只可在 Diffuse 上贴图	材质支持的属性
3	Ambient 色中不能带有颜色，设置为白色	材质支持的属性
4	贴图中的坐标一栏中与 UVW Map 中的 Map Channnet 必须为 1	贴图坐标
5	贴图中的坐标一栏保持默认状态，不能调节任何参数	贴图坐标

表 3－4　贴图方面审查表

序　号	审　查　项	结　论
1	贴图的命名为 8 个字符，不包含透明贴图	贴图标准
2	透明通道贴图名称为相应的彩色贴图名称后面加上"－alpha"。	贴图标准
3	贴图坐标用 UVW Map 修改器调整	贴图坐标

序　号	审　查　项	结　论
4	需要时，将贴图的质感处理真实，加入光影与蒙尘等处理	—
5	贴图的格式为 JPG 格式	贴图标准
6	像素值为 2 的 N 次方，大小不超过 1024	贴图标准
7	要将平铺贴图进行无缝贴图处理	—
8	贴图要与导出 3ds 文件，3dMax 文件放在同一目录，无多余贴图	—

3.4　3ds Max 模型的建立过程

3.4.1　主建筑模型的制作方法

在此，我们就以别墅为例，来讲解一下场景中建筑的建模方法。

（1）从西立面开始，先用样条线勾出西立面墙的轮廓，在修改命令面板中添加"挤出"命令，挤出参数为 0.5m，如图 3－33 所示。

图 3－33　创建立面

（2）同样方法，将西立面其他的墙体也挤出。按照一层平面图的位置放置，如图 3－34 所示。

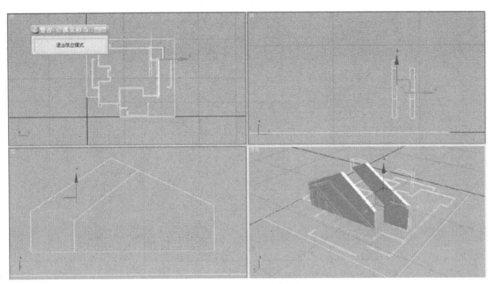

图 3 – 34　挤出其他的墙体

（3）下面将另外侧面的墙体也按侧面的形状挤出，放到图纸的位置上，然后将其附加在一起，主要是遵循了前面我们所说的"合并原则"，如图 3 – 35 所示。

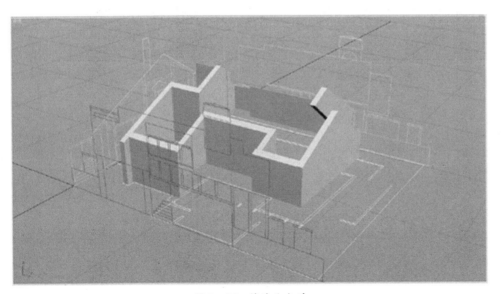

图 3 – 35　将墙体合并

（4）接下来，我们开始制作别墅的屋顶。隐藏墙体，打开"顶面图"作为参考，用"样条线"配合捕捉设置，勾出屋顶的轮廓，如图 3 – 36 所示。

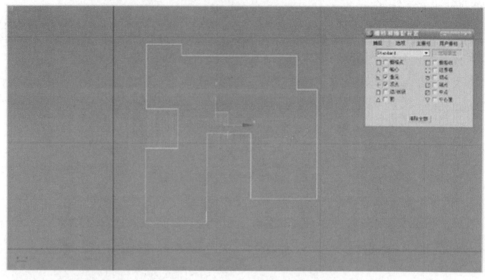

图 3-36 制作别墅的屋顶

（5）选中刚画出的形状，右键选择"转化为可编辑多边形"。在修改命令面板上，选择"边"的层级，用"切割"命令将屋顶形状切割，如图 3-37 所示。

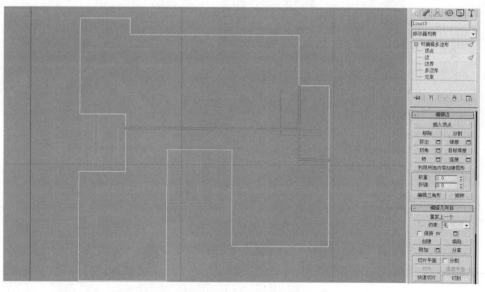

图 3-37 切割屋顶形状

（6）取消墙体的隐藏，将屋顶按照墙体走势，控制屋顶的控点，塑造屋顶形状，如图 3-38 所示。

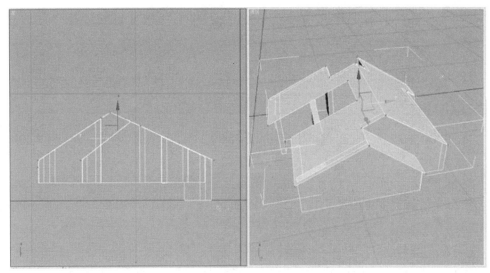

图 3 - 38 塑造屋顶形状

(7) 到"可编辑多边形"的"面"层级下，全选屋顶的面，在修改命令面板中单击"挤出"，参数为：0.2m，如图 3 - 39 所示，做出屋顶的厚度。

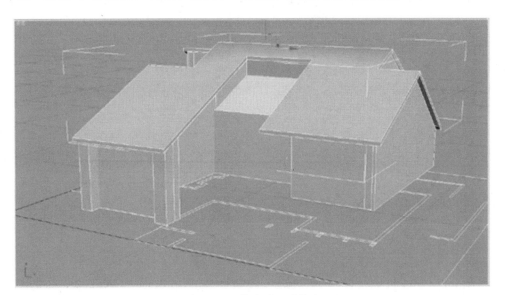

图 3 - 39 挤出屋顶的厚度

(8) 按照一层平面图用样条线勾出别墅平台的形状，在修改命令面板中添加"挤出"命令，挤出参数为1.7m，右键选择"转化为可编辑多边形"，如图 3 - 40 所示。

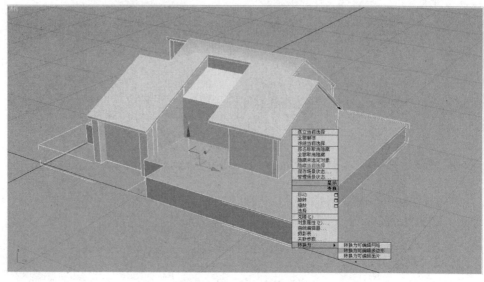

图 3 - 40　勾出别墅平台

（9）隐藏别墅平台，再按照一层平面图用样条线勾出护栏的形状，同样用"挤出"命令，制作护栏的高度，右键选择"转化为可编辑多边形"，如图 3 - 41 所示。

图 3 - 41　制作护栏

（10）选择护栏的顶面，先向上挤出一次，参数为：0.1m，挤出方式为：组，如图 3 - 42 所示。然后选择刚挤出的立方体的侧面进行挤出，参数为：0.1m，挤出方式为：局部法线，单击"确定"，如图 3 - 43 所示。

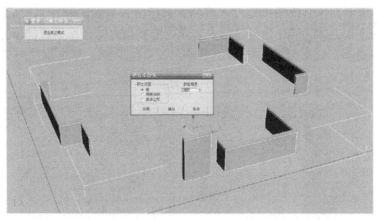

图 3 - 42　挤出立方体的侧面（一）

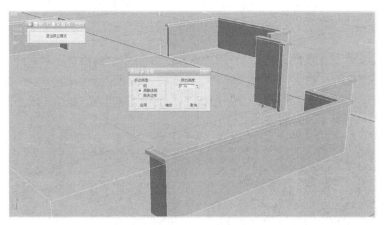

图 3 - 43　挤出立方体的侧面（二）

（11）下面添加细节，用多边形把台阶制作出来，如图 3 - 44 所示。

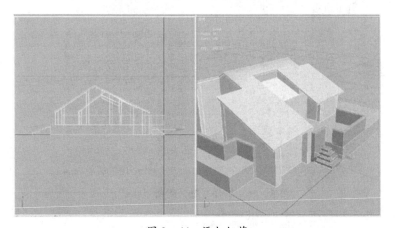

图 3 - 44　添加细节

（12）取消四个立面图的隐藏，按照图纸位置和形状来制作别墅的烟囱造型。首先创建一个长方体，转化为可编辑多边形。选择长方体顶面进行挤出，然后选择挤出部分的侧面，再进行一次挤出，再进入"点"层级，调整烟囱的造型，如图3－45所示。

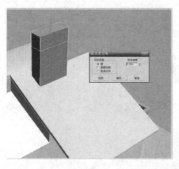

图3－45　制作别墅的烟囱（一）

（13）选择现有顶面，再进行一次挤出，得到一个高度，选择刚挤出的侧面，同样挤出一个台阶。然后用"移除"命令，删除一圈顶面上的结构线。再选择"边"的层级重新画出结构线。再到"点"层级下，把中心点拉起来，这样烟囱的造型就制作出来了，如图3－46所示。

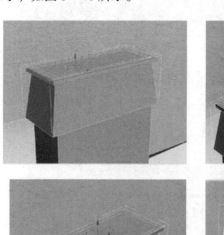
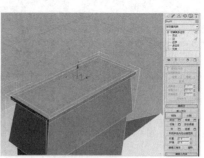
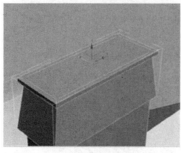

图3－46　制作别墅的烟囱（二）

（14）至此，我们就按照已有的建筑图纸，基本制作出了别墅模型。当然这里所做的模型主要遵守了前面我们提到的几个原则中的"减面原则"思想，在建立模型的时候就应该尽可能少的使用面数来制作好的造型效果，如图 3 – 47 所示。那么至于一些其他的细节，我们会在下一章中使用贴图来进行细化。可以用快捷键"7"来检查一下模型的面数。再将看不到的底面删除，也可以有效控制面数。

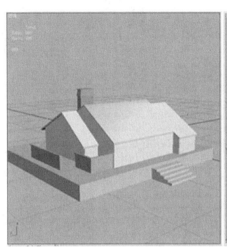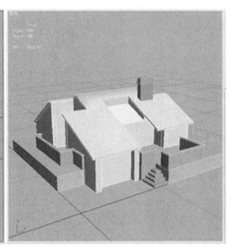

图 3 – 47　删除多余的三角面

（15）为了之后贴图的配合，我们来刻画一些细节的门窗，首先把别墅墙体转化为"可编辑多边形"，到"边"的层级下，用"切割"工具，切出南面的门窗的形状。如图 3 – 48 所示。

图 3 – 48　切出门窗的形状（一）

（16）同样的方法，将其他各个侧面的门窗也用"切割"工具切出，如图 3 – 49 所示。

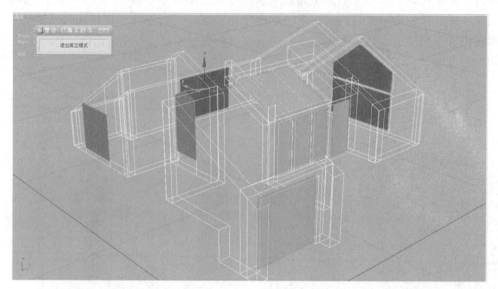

图 3 – 49　切出门窗的形状（二）

（17）别墅模型制作完成，如图 3 – 50 所示，另存为"别墅模型 .max"。

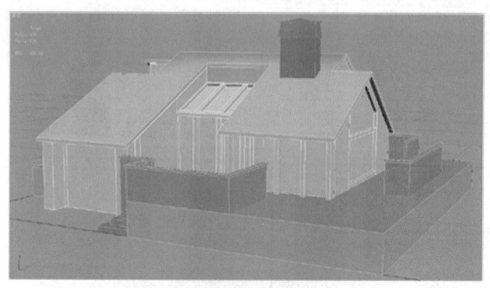

图 3 – 50　整个别墅模型

3.4.2　场景设施的制作方法

在此我们以喷泉的制作为例，讲解一下场景设施模型的制作。

（1）首先用"样条线"来勾出喷泉边缘的形状，如图 3–51 所示。"样条线"初始类型为"角点"，拖动类型为"平滑"。

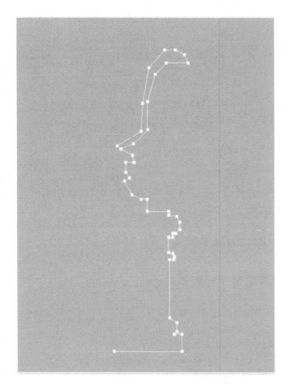

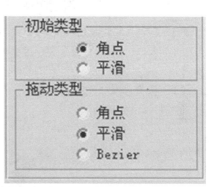

图 3–51　勾出喷泉边缘的形状

　　注意：我们在勾画边缘时要尽量概括形状，这样主要是为了减少之后模型的面数。

（2）选择勾画好的样条线，在修改命令面板中添加"车削"命令，这样可以得到样条线旋转后获得的三维实体，如图 3–52 所示。在此参数设置：控制分段数为 10，这样可以在保证造型的前提下，减少模型的面数。旋转轴方向为 Y 轴，对齐方式为：最小。

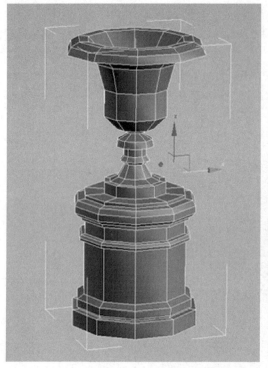
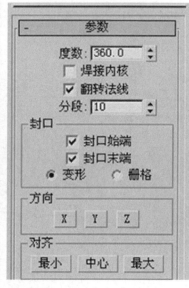

图 3 – 52　旋转得到三维实体

（3）选择刚做好的喷泉模型，右键转化为"可编辑多边形"，去除堆栈栏中的命令，如图 3 – 53 所示。

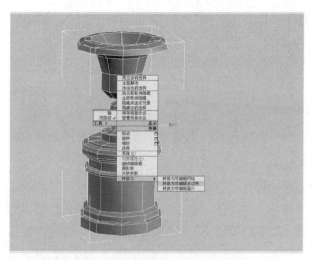

图 3 – 53　将模型转化为"可编辑多边形"

（4）下面制作喷泉的水池，创建"标准基本体"——"管状体"，高度分段数为 2，边数为 12。效果如图 3 - 54 所示。

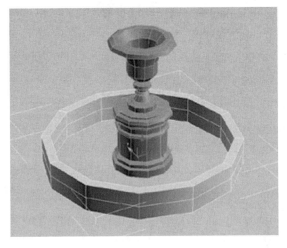

图 3 - 54　制作喷泉的水池

（5）将其转化为"可编辑多边形"，在"边"的层级下，选择中段的一条边，用"环形"命令选择边，再用"连接"加入一条结构线，如图 3 - 55 所示。

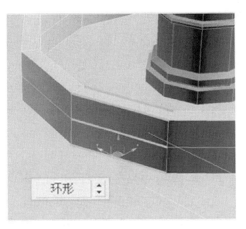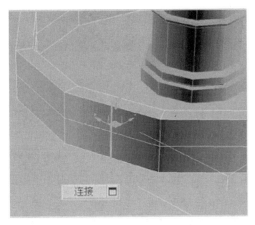

图 3 - 55　添加一条结构线

（6）同样方法，再加入 3 条结构线，如图 3 - 56 所示。再到"面"的层级下将中间的面删除。

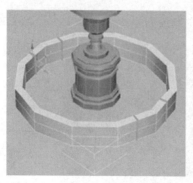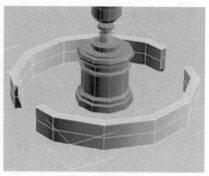

图 3 - 56 添加三条结构线

（7）选择"边"的层级，选择如下图所示的边，选择"桥"命令，进行封口，如图 3 - 57 所示。

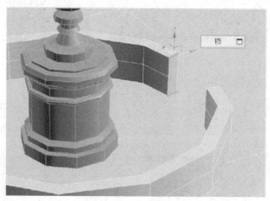

图 3 - 57 进行封口

（8）制作水池顶台，选择水池顶面，进行挤出。选择挤出的侧面再挤出一次，这样就形成了水池顶台，如图 3 - 58 所示。

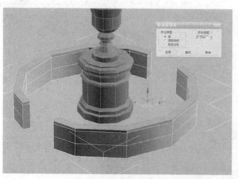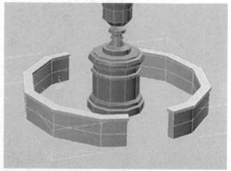

图 3 - 58 制作水池顶台

3.4.3 绿化带的制作方法

首先我们分析一下场景中可能出现的绿化内容，如图 3 – 59 所示。

图 3 – 59 场景中的绿化内容

绿化植物可以分为 4 类：高大的乔木、低矮的灌木群、草坪、点缀的植株。

在一般的建筑动画中可以使用很多的树木插件来制作植株，如 Treestorm、Speedtree、Forest 等插件，可以做出非常逼真的植物效果。但是考虑到虚拟漫游场景的特殊性，要求尽量减少场景中模型的面数。因此，在这里我们可以用三种形式的模型来解决以上 4 类植物。

1．片面拼插贴图法

这种方法主要适用于单个的、或者要求细节比较多的高大的乔木以及点缀的植株，主要依靠面片的插接，然后通过贴图通道来表现树木细节。在这里我们拿一棵高大乔木为例，演示一下制作方法。

1）首先在别墅场景中，我们创建一个片面，注意它的长度分段和宽度分段都设置为 1，如图 3 – 60 所示。这样可以在达到表现效果的同时节省面数。

图 3 – 60　创建一个片面

2）打开材质编辑器，选用一个新的材质球，打开"漫反射"贴图通道——"位图"，选用 tree01.png（光盘：\ 范例模型 \ maps 下的），再打开"不透明度"贴图通道——"位图"，选用 tree01 – alpha.jpg，制作好树木的贴图。将其赋予刚做好的面片，如图 3 – 61 所示。

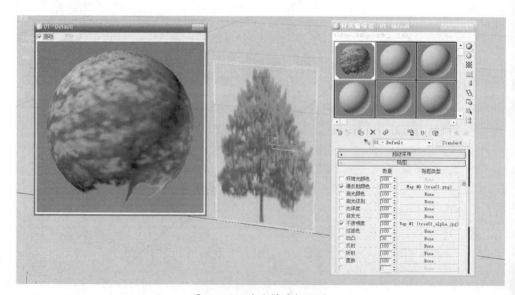

图 3 – 61　赋予材质与贴图

3）赋予贴图的面片，在修改命令面板中添加"UV 贴图"命令。贴图方式为"平面"。调整一下对齐方式为"位图对齐"，这样可以将面片的大小按照我们使用贴图的大小进行设置，如图 3 - 62 所示。调整完成后，右键"转化为可编辑多边形"。

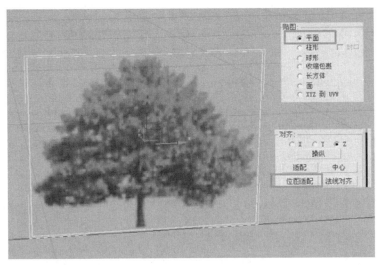

图 3 - 62　调整贴图（一）

4）这时，我们发现坐标轴没和树干在同一直线上，这样当我们旋转复制时，树干就不能拼合在一起。因此，在这里要调整一下坐标轴的位置。方法如下：选中面片，在"层次"面板下，选择"仅影响轴"按钮，然后在视图中手动调整坐标轴的位置，如图 3 - 63 所示。

图 3 - 63　调整贴图（二）

5）接下来，关闭"仅影响轴"按钮，在打开"角度捕捉切换"，捕捉角度为90°。按住"Shift"键，同时旋转。弹出"克隆选项"，选择"实例"复制，然后"确定"。如图3-64所示。

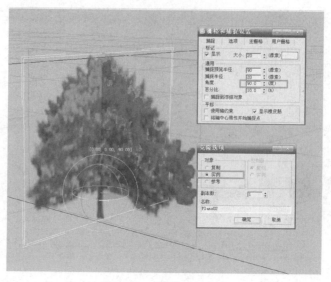

图3-64 复制一个片面

6）选择其中一片，到修改命令面板中，使用"附加"命令，将两个片面附加在一起，如图3-65所示。修改名称为tree01。这主要是为了保证模型与贴图的名称保持一致，方便在VT中的管理。

图3-65 附加两个片面

2. 长方体贴图法

这种方法主要适合用于低矮的灌木群，主要依靠长方体作为基本模型，然后通过贴图通道来表现灌木细节。在这里我们用一组冬青为例，演示一下制作方法。

1）首先在一个新的场景中建立一个长方基本体，长宽高分段数都为1，这主要是为了节省面数。右键选择"转化为可编辑多边形"，将底面删除，如图3－66所示。

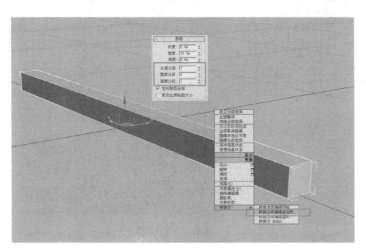

图3－66 建立一个长方基本体

2）打开材质编辑器，选用一个新的材质球，打开"漫反射"贴图通道——"位图"，选用 guanmuc01.jpg（光盘：\ 范例模型 \ maps 下的）。将其赋予刚做好的长方体的顶面，如图3－67所示。

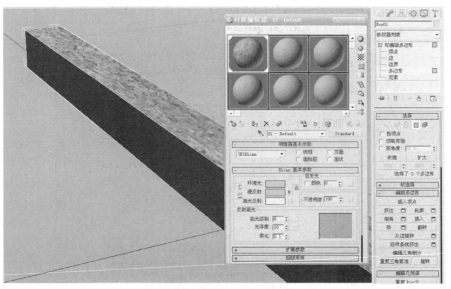

图3－67 进行贴图

3）在保持选择多边形的面层级情况下，在修改命令面板中添加"UV 贴图"命令，如图 3 - 68 所示。贴图方式为"平面"，调整 U 向平铺参数，观察透视图中的贴图比较合适。右键"转化为可编辑多边形"。

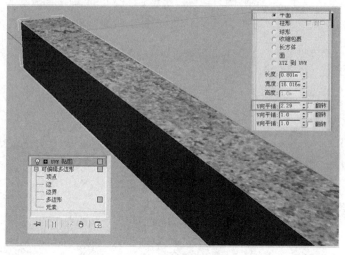

图 3 - 68　添加"UV 贴图"命令

　注意：**"转化为可编辑多边形"这一步骤主要是为了去除修改命令面板中的"UV 贴图"命令的堆栈，为了下面再对其他表面使用修改命令。**

4）选用一个新的材质球，同样的方法将两侧的面也贴图处理，将 guan-muc02.jpg 作为漫反射贴图赋予两侧。再进行"UV 贴图"处理。效果如图 3 - 69 所示。同样也右键"转化为可编辑多边形"，修改名称为 tree02。

图 3 - 69　贴图完成

3.平面贴图法

这种方法主要适用于草坪，主要依靠"平面"作为基本模型，然后通过贴图通道来表现草坪细节。效果如图3－70所示，这部分我们放在第四章中草坪的"无缝贴图"详细讲解。

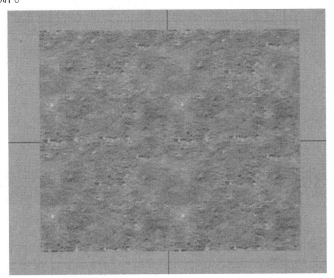

图3－70　草坪的"无缝贴图"

以上我们主要讲解了主建筑、场景中设施以及绿化带的制作方法。在制作过程中，我们不仅要注意"仿真"效果，同时要注意在虚拟漫游制作过程中的几个原则。

总结：本章我们介绍了虚拟漫游场景的制作流程，重点讲解了虚拟漫游在 Max 中的制作规范以及几个重要原则。最后又通过几个实例讲解了场景中主要模型的制作方法。

课后习题

1.在虚拟漫游的模型制作过程中，面数一直是一把双刃剑，怎样才能既做到"形态逼真"的仿真要求，又可以满足我们后期 VT 制作面数尽量精简的需要？

2.在此我们介绍了三种绿化带的制作方法，还有哪些我们可以借鉴的制作方法能够应用在漫游建模的制作中？

第四章

动画场景中烘焙贴图的制作

1　建筑模型的材质贴图制作
2　漫游动画场景环境材质的创建方法
3　灯光的架设
4　贴图烘焙
5　场景输出

本章重点

　　第三章中讲述了设计方案的导入和模型建立这两个环节，在本章中主要讲解建筑模型材质贴图的制作、漫游动画场景环境材质的创建方法、灯光的架设、烘焙贴图以及输出这五部分内容。

4.1　建筑模型的材质贴图制作

漫游动画场景的制作流程如下：
※ 设计方案的导入
※ 模型的建立
※ 材质贴图的制作
※ 灯光的架设
※ 烘焙贴图
※ 场景的输出

　　首先打开我们之前做好的别墅模型（光盘：\ 范例模型 \ 别墅模型 .max），以别墅为例讲解一下建筑材质贴图的制作。

　　（1）打开"别墅模型 .max"，选择别墅的墙体，用快捷键"Alt + Q"，孤立墙体对象显示。为了后面配合"多维/子对象"材质来使用，设置墙面的 ID 号。ID 号的设置如图 4 - 1、图 4 - 2、图 4 - 3 所示。

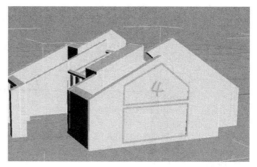

图 4－1 设置墙面的 ID 号（一）

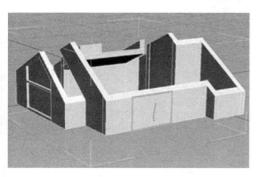

图 4－2 设置墙面的 ID 号（二）

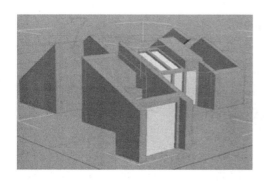
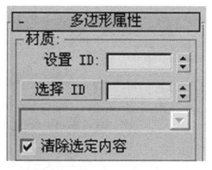

图 4－3 设置墙面的 ID 号（三）

（2）打开材质编辑器，选用一个新的材质球。单击"standard"选择"多维/子对象"，按照我们上一步中分配的 ID 号，设置多维/子对象的材质数量为 7。如图4－4所示。

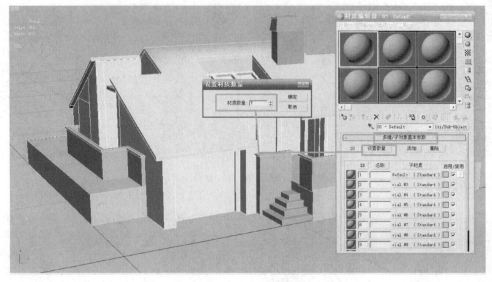

图 4-4 设置多维/子对象的材质数量

（3）下面按照步骤（1）中分配的内容，分别设置不同 ID 号的子对象。比如 ID1 的子材质，点击 Default （Standard），进入 ID1 的材质球，设置"漫反射贴图"为"door02.jpg"，如图 4-5 所示。同样方法，将其他 ID 对象设置材质贴图。

图 4-5 设置材质贴图

（4）选择别墅墙体，使用快捷键"Alt + Q"，将其孤立显示。将刚制作好的多维/子对象的材质赋予别墅墙体，如图 4 - 6 所示。可以观察到贴图显示出现问题，没有得到预想效果。

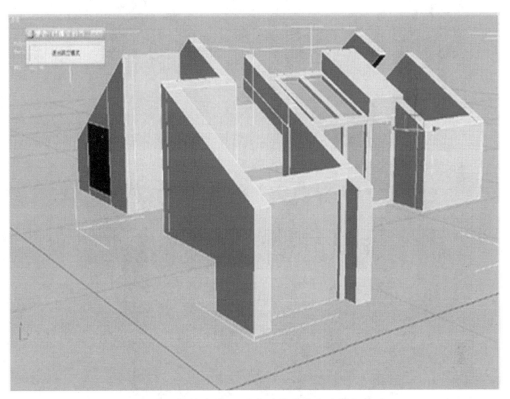

图 4 - 6 将多维/子对象的材质赋予别墅墙体

（5）选择各个 ID 号的面，分别添加"UV 贴图"命令，进行贴图的调整。以 ID1 的贴图为例：选择 ID1 的面，在修改命令面板中，使用"UV 贴图"命令。贴图方式为 长方体，发现贴图方向不同，下面选择"UV 贴图"的层级下的"Gizmo"，然后配合视图旋转贴图，效果如图 4 - 7 所示。

注意：在调整好一个面的 UV 后，为了不影响其他面的 UV 调整，必须右键选择"转化为可编辑多边形"，这样可以清空命令修改器的堆栈栏。

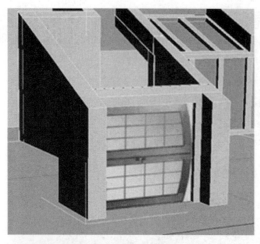
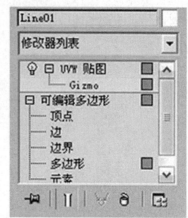

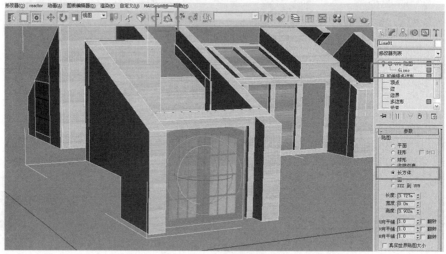

图 4 - 7　UV 贴图

（6）别墅墙体的多维/子对象的材质调整完成后的效果如图 4 - 8 和图 4 - 9 所示。

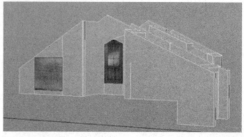

图 4 - 8　调整材质贴图（一）

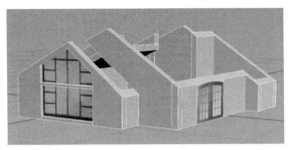

图4-9　调整材质贴图（二）

　注意： 如果在MAX中只使用漫反射颜色，而不使用实际贴图的话，导入VT后，不能得到所设置的表面色彩纹理效果。所以上图中，白色别墅墙体使用了一张贴图表示。

（7）"退出孤立模式"后，选择别墅屋顶，使用快捷键"Alt + Q"，将其孤立显示。设置屋顶的ID号。ID号的设置如图4-10和图4-11所示。

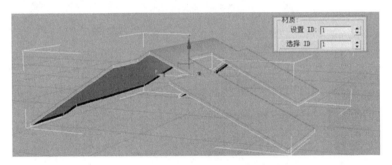

图4-10　设置屋顶的ID号（一）

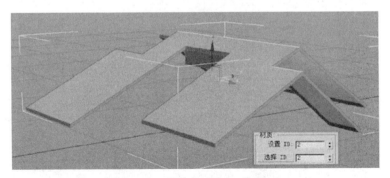

图4-11　设置屋顶的ID号（二）

（8）打开材质编辑器，选用一个新的材质球。单击"standard"选择"多维/子对象"，按照我们上一步中分配的ID号，设置多维/子对象的材质数量为2。ID1的子材质，点击 Default（Standard），进入 ID1 的材质球，设置"漫反射贴图"为"wa.jpg"。进入 ID2 的材质球，设置"漫反射贴图"为"wadi.jpg"，如图 4 - 12 所示。

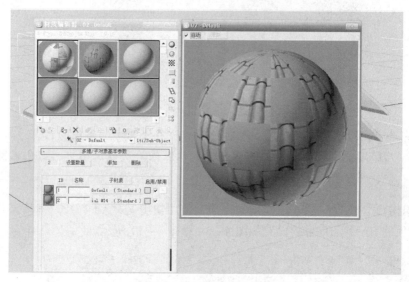

图 4 - 12　设置"漫反射贴图"

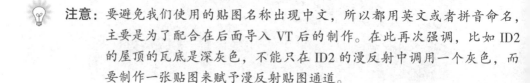

注意： 要避免我们使用的贴图名称出现中文，所以都用英文或者拼音命名，主要是为了配合在后面导入 VT 后的制作。在此再次强调，比如 ID2 的屋顶的瓦底是深灰色，不能只在 ID2 的漫反射中调用一个灰色，而要制作一张贴图来赋予漫反射贴图通道。

（9）将材质球的内容赋予别墅屋顶，分别添加"UV 贴图"命令来调整 UV 设置。效果如图 4 - 13 所示。

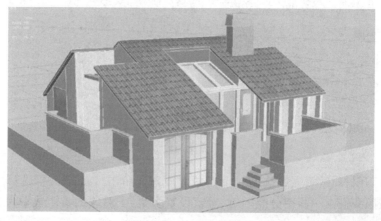

图 4 - 13　调整 UV 设置

（10）同样的方法，我们再做两个多维/子对象的材质球，分别赋予别墅的围栏和烟囱，方法和上述的一样，不再具体讲解，如图 4 - 14 所示。大家可以参见光盘中做好的例子。

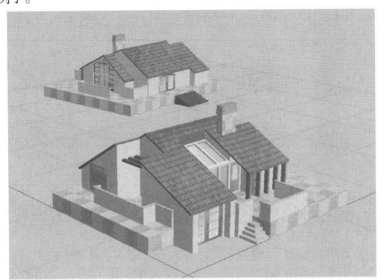

图 4 - 14　赋予别墅的围栏和烟囱

　　注意： 每次赋予贴图后，我们都要添加 UV 处理，主要是为了两个目的：一是将贴图的方式和重复迭代次数进行调整，二是为了后面的烘焙能够顺利进行。

 4.2　漫游动画场景环境材质的创建方法

本小节我们主要讲解：在虚拟漫游动画场景中，天空、远景、地面的材质的创建方法。介绍"无缝贴图"的制作方法。

 4.2.1　天空和远景材质的制作

在创建漫游动画时，天空效果的创建方法有以下几种：

※ 使用半球物体和天空贴图，在软件中直接渲染生成天空效果。

※ 使用插件 DreamScape 直接创建天空效果。

※ 在 MAX 中设置通道，然后在后期软件中创建天空效果。

因为我们制作的虚拟漫游动画，后期的接口是 VT 软件，所以我们使用第一种方法最为可行有效。使用天空贴图的方法是：在场景中增加一个半球体，然后通过平面贴图方式或柱形贴图方式设置一般的天空贴图。或者使用 360°天空纹理贴图实现天空效果。下面通过一个实例来讲解。

（1）在 3ds Max 中，加载配套光盘中"别墅模型贴图 .Max"。在顶视图中，创建基本几何体中的球体，右键"转化为可编辑多边形"，如图 4 – 15 所示。

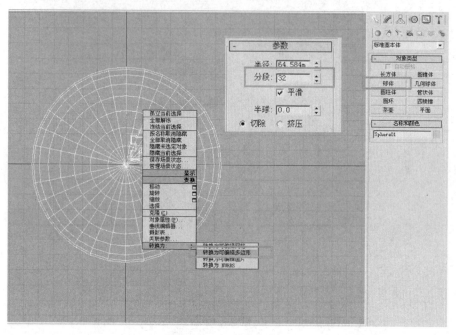

图 4 – 15　创建球体

（2）在前视图中，在多边形的"点"层级下，选择球体的下半部分进行删除，生成一个半球体，如图 4 – 16 所示。

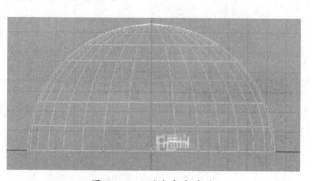

图 4 – 16　删除半个球体

（3）选择这半个球体，在"面"的层级下，使用快捷键"Ctrl + A"选择所有面。使用"翻转"命令，将法线翻转。右键选择"对象属性"，选取"背面消隐"前的复选框，单击确定，如图 4 – 17 和图 4 – 18 所示。

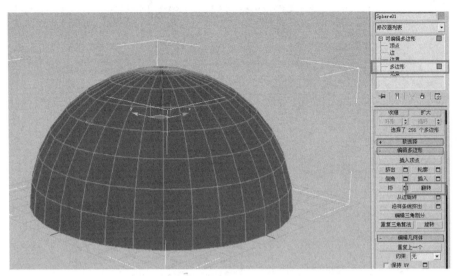

图 4 – 17　翻转法线（一）

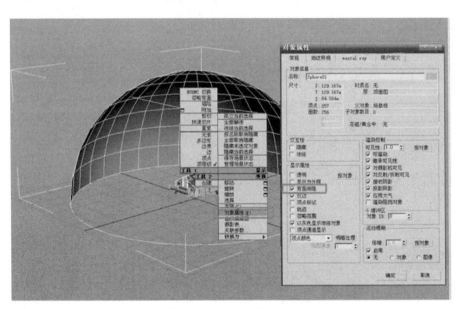

图 4 – 18　翻转法线（二）

（4）使用缩放工具，在 Z 轴方向挤压。然后打开"材质编辑器"，选择一个新的材质球。在"漫反射贴图"通道中，添加 360°全息天空贴图"sky.jpg"，如图 4 – 19所示。在"自发光贴图"通道中，复制"sky.jpg"。使用"实例"复制方法。

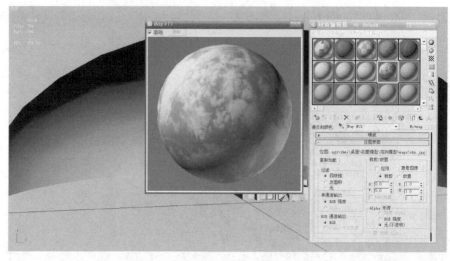

图 4-19　添加 360°全息天空贴图

（5）将材质赋予半球体，添加"UV 贴图"命令，如图 4-20 所示。贴图方式为"柱形"。然后选择"转化为可编辑多边形"。这时拼接痕迹完全消除。整个半球天空融为一体，这就是使用 360°全息贴图的好处。

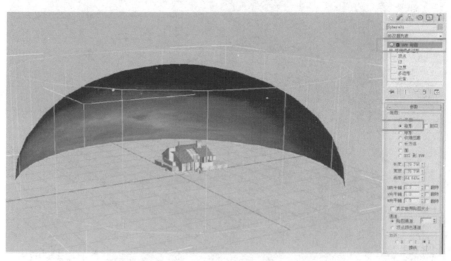

图 4-20　添加"UV 贴图"

（6）下面我们在场景中添加一个简单的地面，快速渲染一下，可以发现地平线出现了非常明显的问题，在这里我们可以通过添加远景的方法来解决，如图 4-21 所示。

图 4 - 21　添加地面

（7）这里我们介绍一种快速有效地增加远景的方法，在场景中创建一个基本几何体"圆柱体"，参数设置如图 4 - 22 所示。将其转化为"可编辑多边形"，删除顶面和底面。

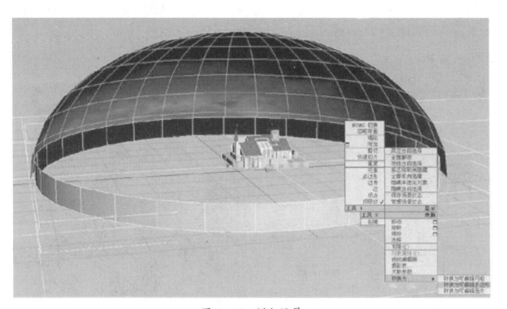

图 4 - 22　增加远景

（8）在"面"的层级下，使用快捷键"Ctrl + A"选择所有面。使用"翻转"命令，将法线翻转，如图 4 - 23 所示。右键选择"对象属性"，选取"背面消隐"前的复选框，单击确定。

交互式漫游动画

JIAOHU SHI MANYOU DONGHUA

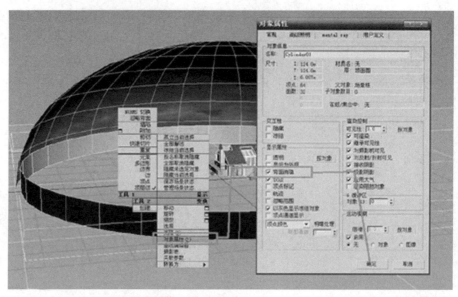

图 4 - 23 翻转法线

（9）打开"材质编辑器"，选择一个新的材质球。在"漫反射贴图"通道中，添加远景山峦全息贴图"yuanjing1.png"。在"不通明贴图"通道中，复制"yuanjing2.jpg"，如图 4 - 24 所示。

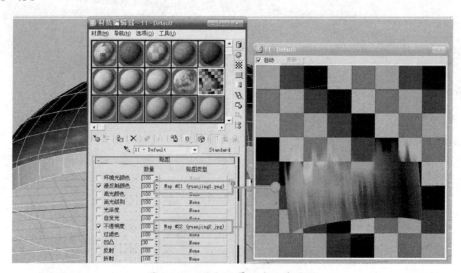

图 4 - 24 添加远景山峦全息贴图

（10）将材质赋予半球体，添加"UV 贴图"命令。贴图方式为"柱形"。然后选择"转化为可编辑多边形"。这样我们就快速增加了远景效果，如图 4 - 25 所示。具体参数可以参见光盘中的"范例模型 \ 天空远景贴图 .max"文件。

图 4 - 25　快速增加远景效果

 4.2.2　地面、草坪无缝贴图的制作

在虚拟漫游和游戏的制作中，特别是室外场景或室内地面场景以及大面积相同的空旷场景中，经常会使用到无缝贴图这一贴图技术。具体的方法我们在此实例中为大家分析与讲解。"无缝贴图"可以简单的理解为：上下左右都能无缝拼接的贴图，主要用于需要迭代重复使用的贴图，比如这里的例子——地面和草坪。

（1）首先我们用 PS 打开石面贴图的素材，再新建一个白色空图，大小为 512 × 512。把石面贴图"shimian.jpg"的素材拖入新建的空白图中，调整大小进行复制。再旋转一下角度，合并成一张图片，如图 4 - 26 所示。

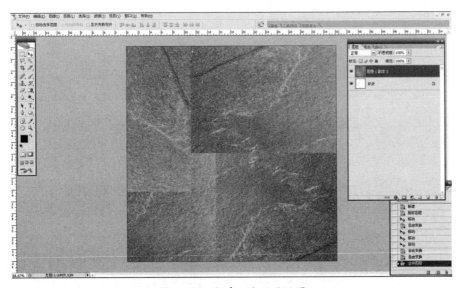

图 4 - 26　新建一个石面贴图

（2）观察一下会发现，由于这张图是拼结而成，交接部分有明显缝隙。下面我们用"仿制图章工具"来把接缝修整一下。选择一种粗糙的笔触，进行修补。在修整边缘时，我们可以降低笔触的不透明度，使过渡更为自然，如图4-27所示。

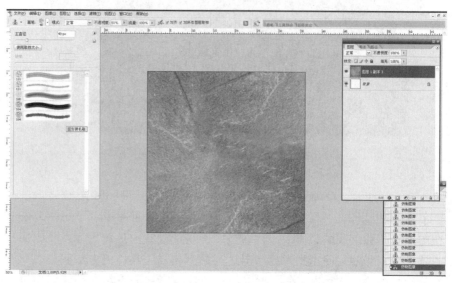

图4-27　修补成无缝贴图（一）

（3）下面我们要做无缝贴图处理，这样做是为了在Max中贴图时，不会出现接缝的现象。首先，用"剪裁工具"确认把边框以外的图片切掉。然后，我们切去图片的上半部分，之后交换位置。合并在一起，再利用"仿制图章工具"把接缝修整一下，如图4-28所示。

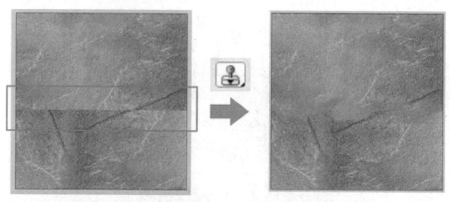

图4-28　修补成无缝贴图（二）

（4）继续用同样的方法，切去图片的右半部分，然后交换位置。合并在一起，再利用"仿制图章工具"把接缝修整一下。这样，我们就完成了漫反射的无缝贴图，如图 4 – 29 所示。

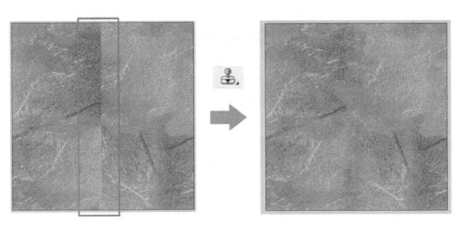

图 4 – 29　修补成无缝贴图（三）

（5）下面我们用"画笔工具"在现有的贴图基础上增加一些细节，如图 4 – 30 所示。先新建一个图层，用画笔工具，选择墨绿色，降低画笔的不透明度为 30%，用粗糙的笔触在新图层上画出一些纹理。同样方法，在同一个图层上，选择浅黄色，用粗糙的笔触在新图层上画出一些擦痕，降低图层的"不透明度"和"填充"参数，使表面色彩更加逼真。

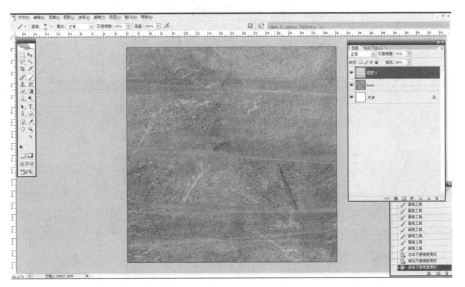

图 4 – 30　在贴图上增加一些细节

（6）丰富一下图面的色彩。用 添加"色相/饱和度"效果，在当前层填充黑色，然后用画笔工具在上面涂抹，形成两种色彩遮罩的效果，如图4-31和图4-32所示。

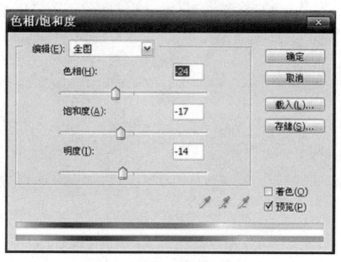

图4-31 修改色彩效果（一）

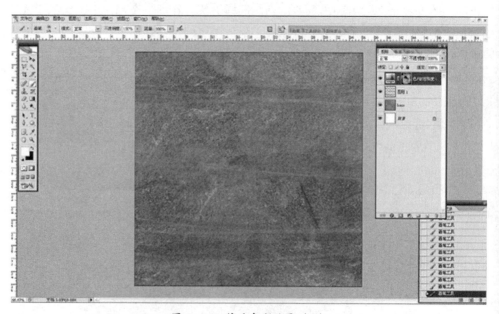

图4-32 修改色彩效果（二）

（7）将制作好的贴图，另存为"dimian.jpg"。打开之前我们做好的"天空远景贴图.max"，打开"材质编辑器"，选择一个新的材质球。在"漫反射贴图"通道中，选择无缝贴图"dimian.jpg"。将其赋予场景中的地面，如图4-33所示。

图 4 - 33　将贴图赋予场景中的地面

（8）选择地面，添加"UV 贴图"命令。贴图方式为"平面"。然后选择"转化为可编辑多边形"。这时拼接痕迹完全消除。整个地面纹理融为一体，这就是使用无缝贴图的作用，如图 4 - 34 所示。

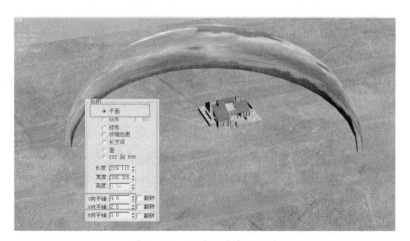

图 4 - 34　贴图后的地面效果

（9）接下来，我们再简单介绍一下草坪无缝贴图的制作。在 PS 中打开两张草坪的素材"grass01.jpg"、"grass02.jpg"，这里主要是要把两张素材混合在一起，表现得更加自然。

新建一个白色空图，大小为 512 × 512。拖入两张草坪的素材，使用"橡皮擦"工具，选择笔触，降低橡皮擦的"不透明度"，将上一层的部分擦除，露出地层的草叶，如图 4 - 35 所示。

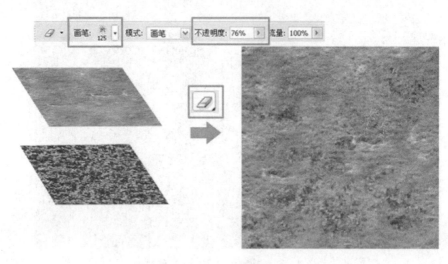

图 4 – 35　草坪无缝贴图制作（一）

（10）再同样使用步骤（3）（4）的方法来制作无缝贴图，如图 4 – 36 所示。

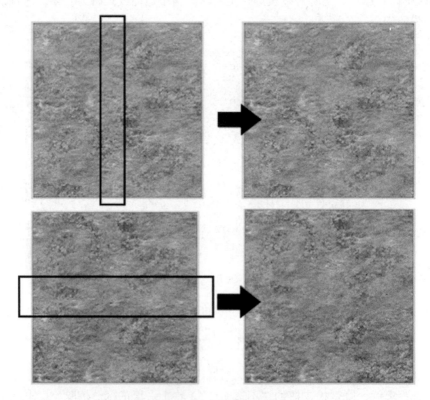

图 4 – 36　草坪无缝贴图制作（二）

（11）将其赋予场景中的草地模型，添加"UV 贴图"命令。贴图方式为"平面"。然后选择"转化为可编辑多边形"。这时草地拼接痕迹完全消除，效果如图4－37 所示。

图 4－37　贴图完成后的效果

 ## 4.3　灯光的架设

在虚拟漫游中力求场景方面做到逼真，这就要考虑更多的能够烘托场景的方法，合理的运用光影是一种很好的方法，然而在实时的漫游过程中打灯光会严重影响运行速度。这时候我们只能利用其他工具来达到这种效果，使用烘焙贴图是一种不错的解决方案。

在我们进行烘焙贴图制作前，首先要架设好灯光，使其调节光影，才能将光影烘焙到材质上。在此实例中，我们主要模拟户外的光影效果。首先分析一下，户外自然光的构成。主要由两种光源组成：①太阳光的光源（主光源）；②云层的反射光源（辅助光源）。在此场景中，主光源投射出阴影，避免辅助光源形成阴影造成光影的混乱。

（1）首先在场景中创建主光源，可以直接创建一盏"泛光灯"，调整位置如图4－38 所示。

图 4 – 38　创建主光源

（2）调整主光源的"泛光灯"的参数：开启阴影，阴影方式为"光线跟踪"阴影；倍增量为 1.4，光源色为暖色，如图 4 – 39 所示。

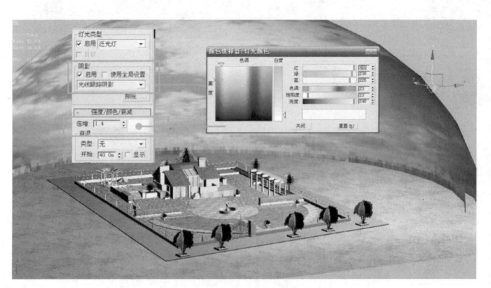

图 4 – 39　调整主光源

（3）接下来设置"辅助光源"，在主光源的对角线方向创建另外一盏"泛光灯"，调整位置如图 4 – 40 所示。

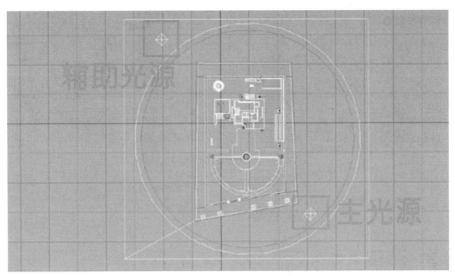

图 4-40　设置"辅助光源"

（4）调整辅助光源的"泛光灯"的参数：关闭阴影；倍增量为 0.8，光源色为冷色，如图 4-41 所示。

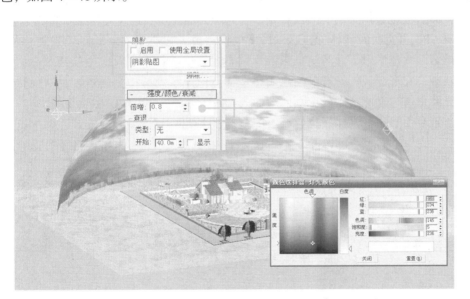

图 4-41　调整辅助光源的"泛光灯"参数

（5）选择一个合适的角度，按"F9"快速渲染，观察一下光影的效果，如图 4-42所示。至此，我们快速架设了灯光，调出了光影效果，另存为"灯光架设.max"。下面讲解烘焙贴图的制作，将光影烘焙到材质上。

图 4 – 42 　快速渲染

4.4　贴图烘焙

在上一节中，我们提到"烘焙贴图"，并且架设好灯光，准备制作烘焙贴图。

那么，什么是烘焙贴图？烘焙贴图是直接把光影烘焙到材质上的一种方法，贴图烘焙技术也叫 Render To Textures，简单地说就是一种把 Max 光信息渲染成贴图的方式，而后把这个烘焙后的贴图再贴回场景中去的技术。这样光信息就变成了贴图，不需要 CPU 再费时间计算了，所以速度极快。由于在烘焙前需要对场景进行渲染，所以烘焙贴图技术对于静态渲染来讲意义不大，这种技术主要应用于建筑漫游动画和游戏中，实现了我们把费时的光能传递计算应用到动画中去的可能性，而且也能避免光能传递时动画抖动的麻烦。下面来看一下 3ds max 中的贴图烘焙技术。

（1）在 3ds max 中打开我们设置好灯光的场景"灯光架设 .max"，选中场景中的地面，按"0"键，打开如图 4 – 43 所示的对话框。其中，"输出路径"是用来设

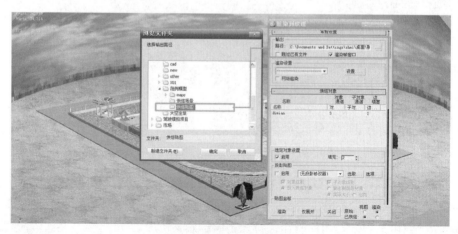

图 4 – 43 　设置烘焙（一）

置存放烘焙出来的贴图的路径。将该对话框的菜单下拉，单击"添加"按钮，可以看到很多的烘焙方式，我们选择"CompleteMap"方式，包括下面所有的烘焙方式，如图4-44所示。

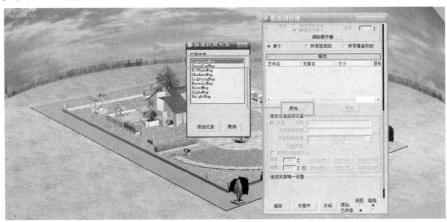

图4-44　设置烘焙（二）

（2）在"目标贴图位置"中选择"漫反射颜色"方式。同时注意烘焙后的尺寸，如图4-45所示。

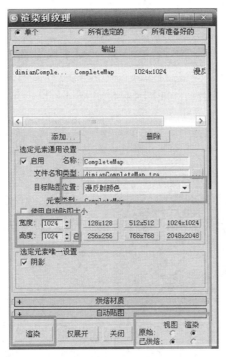

图4-45　设置烘焙（三）

按下"渲染"按钮进行渲染，得到烘焙贴图如图4-46所示。

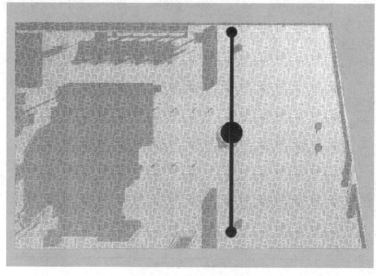

图4-46 得到烘焙贴图

 注意：烘焙后的输出尺寸大小，要根据所需要的贴图精度而定。若需要精度细节较高，输出尺寸可选择较大尺寸。

（3）用作烘焙贴图的模型必须是独立的，每个模型都要单独进行烘焙，因为每个模型上的光影是不一样的，这就是我们不能使用重复贴图的原因。按照烘焙地面的方法将别墅、设施烘焙出来，如图4-47和图4-48所示。

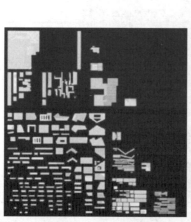

图4-47 烘焙别墅

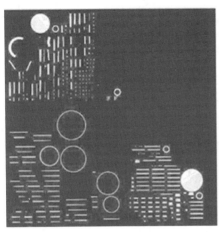

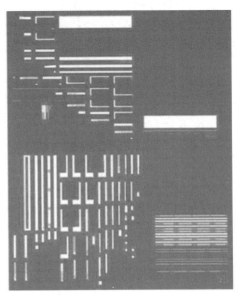

图 4－48 烘焙其他设施

（4）我们再返回 max 场景，这时大家会发现视图里场景发生了变化，出现了近似渲染后的光照效果，那是因为烘焙后的贴图被自动贴到场景中去了。由于贴图代替了光照信息，所以我们在进行渲染时要关闭场景中的灯光，这样便能得到烘焙后的场景效果，这种效果基本和打灯光时的效果一样，而且速度快了很多。在单帧中可能不觉得，但在漫游动画渲染中，应该会明显提高渲染的效率。烘焙后的渲染效果如图 4－49 所示。

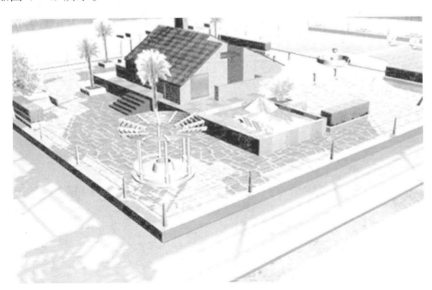

图 4－49 烘焙后的渲染效果

交互式漫游动画

JIAOHU SHI MANYOU DONGHUA

4.5 场景输出

前面我们按照制作流程将漫游场景的模型、材质、灯光以及烘焙处理都制作完成了。接下来，我们要将这些内容输出，导入 VT 中。

 4.5.1 Max Exporter 的安装

在将场景模型文件从 max 中输出之前，需要安装一个插件——Max Exporter。Max Exporter 是一个专门把在 3ds Max 中创建的模型、贴图以及动画等转化为 Virtools 的场景文件（见附件一）。

 4.5.2 模型的输出

（1）在 Max 中打开我们之前做好的"烘焙制作 .max"，选择其中的别墅模型，在菜单栏中点击"文件"—"导出选定对象"，弹出对话框。选择导出文件类型为 **Virtools Export (*.NMO, *.CMO, *.VMO)** ，强烈建议采用英文命名，否则文件导入 VT 时会发生错误，如图 4-50 所示。

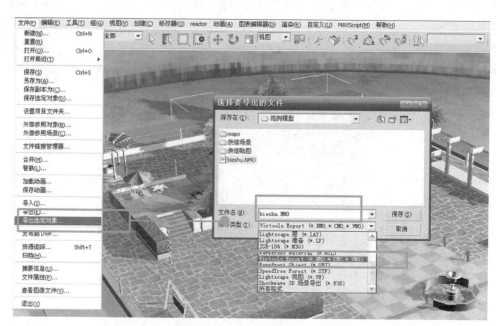

图 4-50 导出文件（一）

（2）点击"保存"按钮，弹出 Virtools Export... 对话框，如图4-51所示。先选择"Export as a Character"（输出为虚拟角色），将旁边的"Character name"修改为"bieshu"。由于我们输出的是不附带动画的物体，再选回"Export as a Object"，点击"OK"确定。

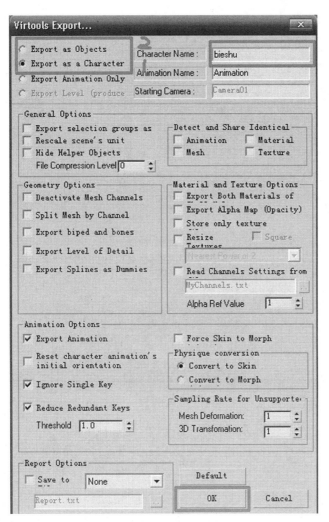

图4-51　导出文件（二）

（3）启动 VT，进入工作界面，选择上方菜单命令的 Resources（资源）/Import File（导入文件），找到我们刚保存的"bieshu.NMO"文件，单击"打开"，如图4-52所示。就可以看到从3ds max中做好的模型已经成功的导入 VT 之中了，如图4-53所示。

图 4 – 52　导入文件（一）

图 4 – 53　导入文件（二）

（4）下面，我们分别将场景中其他的设施、植物和环境模型分别用 max Ex-porter 导出，导入 VT 之中，合成完整的场景，另存为"场景 .cmo"，如图 4 – 54 所示。准备下面开始制作虚拟漫游动画。

图 4 – 54　合成完整的场景

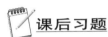 **课后习题**

1. 本章介绍了无缝贴图的制作方法，这种方法可以应用到很多贴图的制作之中，大家思考一下，还有没有其他更加简便的方法能够达到"无缝"的效果？
2. 在烘焙设置过程中，大家可以尝试不同的选项设置，看看烘焙出的贴图有何变化？

第三篇
虚拟交互设计

第五章

Virtools 摄像机的互动设计

1　Camera Setup 简介
2　第三人称摄像机的创建
3　第一人称摄像机的创建
4　切换摄像机

本章重点

　　本章主要针对摄像机的创建与编辑，学习其设置面板的各种参数。通过第三人称和第一人称摄像机的创建以及它们之间的切换，了解在虚拟交互设计过程中，摄像机的各种应用。

5.1　Camera Setup 简介

　　在虚拟世界中，使用者是通过摄像机来与场景中的物体进行交互的。摄像机的作用有很多种，可以用第一人称或者第三人称的方式来观察虚拟世界。

　　在这一章中，我们要来认识摄像机，以及关于摄像机的创建方式。

　　在创建面板上点击 ⬚ 按钮，就可以创建一个新的摄像机了，在世界编辑器的上方，可以看见 `New Camera ▼ ●` 。

　　在 Level Manager 中，点击 Global/Camera/New Camera，按下键盘中的 F2，可以对摄像机 New Camera 进行重新命名，见图 5 – 1。

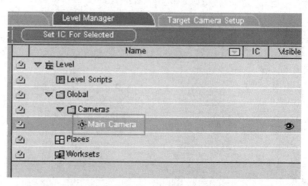

图 5 – 1　对摄像机 New Camera 进行重新命名

右键单击 Main Camera，在弹出的快捷菜单中选择 Setup，打开摄像机 Main Camera 的 Target Camera Setup 面板（可以针对创建的摄像机设置各个参数），如图 5－2 所示。

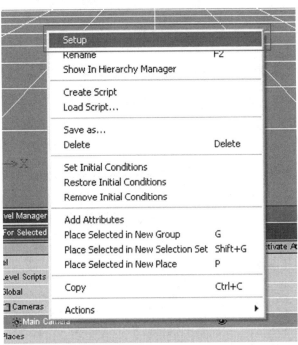

图 5－2　打开 Target Camera Setup 面板

接下来，就让我们一起来详细的研究摄像机的 Setup 面板吧，如图 5－3 所示。

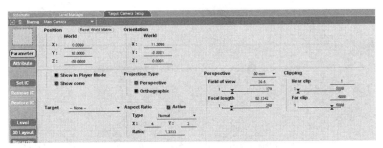

图 5－3　摄像机的 Setup 面板

Name Main Camera　　Name：显示、选择或者修改摄像机名称。

Position　Position：摄像机在虚拟世界中的坐标位置。

Orientation　Orientation：摄像机在虚拟世界的方位角。

Distance from camera to target: `10.9998` Distance from Camera to target：摄像机与目标物体的距离。

Target Position Target Position：目标点在虚拟世界中的坐标位置。

■ **Show In Player Mode** Show In Player Mode：播放模式下是否显示摄像机。

☒ **Show cone** Show Cone：是否显示视锥以及裁切面。

Target `New 3D Frame` Target：摄像机的目标物体。

Projection Type Projection Type：摄像机的投影模式。包括两种，一是透视法，还有一种是正交投影法。

Aspect Ratio Aspect Ratio：选择 Active 模式可以设置摄像机拍摄画面的宽高比。

Perspective Perspective：在后面的下拉菜单中选择摄像机镜头的长度；通过 Field of view 可以设置摄像机的视阈，通过 Focal length 可以设置摄像机的焦距。

Clipping Clipping：通过 Near Clip 以及 Far Clip 来设置摄像机的距离范围。

5.2　第三人称摄像机的创建

在 Virtools 中打开本书光盘中的"sence \ charpter－5 \ 0501－camera－start"文件，场景中是已经烘焙过的小庄园的模型，如图 5－4 所示。在这一小节中，我们需要创建一个第三人称的摄像机。

图 5－4　小庄园的 Virtools 模型

在创建第三人称摄像机之前，我们需要导入一个"角色模型"，让这个"角色"在场景中自由走动，因为只有这样，第三人称摄像机才有意义。

　　将素材库中 Characters 文件夹下的 Pierre 角色拖动到世界编辑区，并调整其大小比例，见图 5 - 5（注：角色模型来自于 Virtools 软件自带素材库）。

图 5 - 5　Pierre 角色

　　鼠标右键单击角色模型 Pierre，在弹出的快捷菜单中选择 Create Script on/Pierre（Character），为角色模型 Pierre 创建 Script，如图 5 - 6 所示。

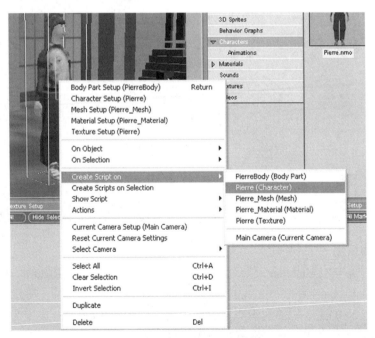

图 5 - 6　为角色模型 Pierre 创建 Script

切换到 Schematic 面板，在 Pierre Script 中加入 Unlimited Controller BB（Characters/Movement）和 Keyboard Mapper BB（Controller/Keyboard），如图 5－7 所示。

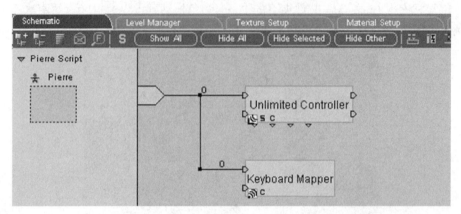

图 5－7　加入 Keyboard Mapper BB 和 Unlimited Controller BB

将素材库中 Characters/Animations 文件夹下的四个动作拖移到角色 Pierre 上，将动作赋给角色。双击 Unlimited Controller BB，将接收信息 Joy-Down 删除，然后创建两个信息接收信号，如图 5－8 所示。

图 5－8　创建两个信息接收信号

将 Joy－Up 的 Animation 设定为 Walk，同样道理，将 Joy－Right 的 Animation 设定为 TurnRight，Joy－Left 的 Animation 设定为 TurnLeft，如图 5－9 所示。值得注意的是序号为 128 的这一栏，它没有接收任何信号，将其 Animation 设定为 Wait，这样做的目的就是让角色 Pierre 在没有收到任何信息的时候，保持 Wait 的动作。

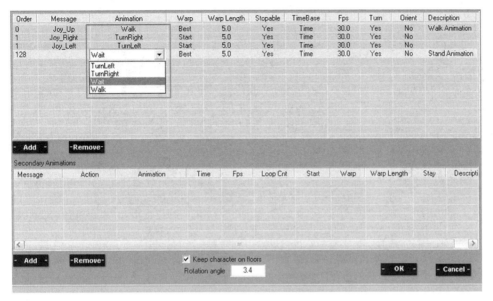

图 5-9 设定 Animation

接下来，将要怎样让操作者与程序互动呢？

双击 Keyboard Mapper BB，弹出对话框，如图 5-10 所示。在 Keyboard Mapper BB 的编辑对话框中，就可以设定交互按键了。

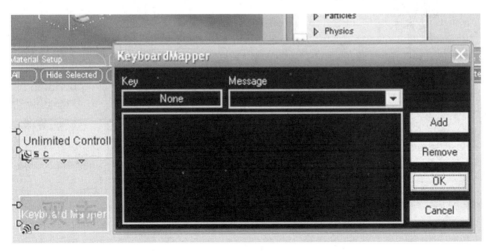

图 5-10 Keyboard Mapper BB 的编辑对话框

选择"None"，然后在键盘上按下"W"键，在"Message"列表框中选择"Joy-Up"，单击 Add，如图 5-11 所示。

交互式漫游动画

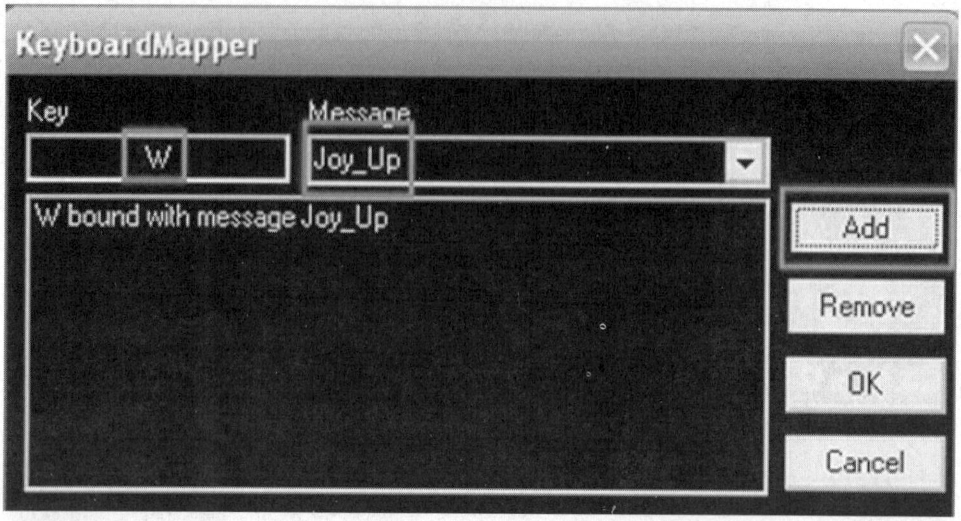

JIAOHU SHI MANYOU DONGHUA

KeyboardMapper

Key

Message

W

Joy_Up

W bound with message Joy_Up

Add

Remove

OK

Cancel

图 5 - 11　设置 Keybord Mapper 参数（一）

　　参考下图，分别将"前进"设置为"W"键，"后退"设置为"S"键，"向左转"设置为"A"键，"向右转"设置为"D"键。

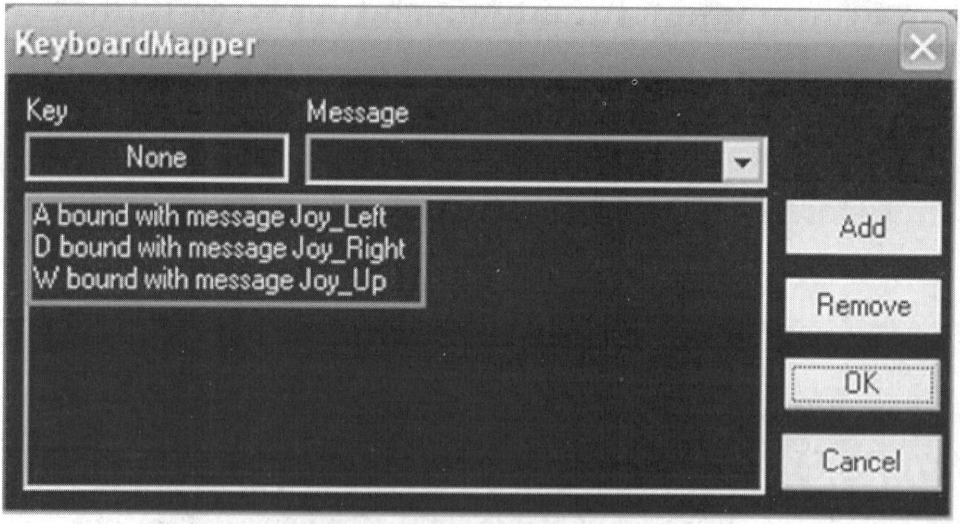

KeyboardMapper

Key

Message

None

A bound with message Joy_Left
D bound with message Joy_Right
W bound with message Joy_Up

Add

Remove

OK

Cancel

图 5 - 12　设置 Keybord Mapper 参数（二）

　　点击电脑屏幕右下方的　　按钮，播放程序，发现一个非常严重的问题：角色虽然会走了，但是他的脚却"埋"在地板下了，如图 5 - 13 所示，这是为什么呢？在 Unlimited Controller BB 中，我们已经勾上"Keep Character on floor"前面的对勾了，那是不是哪里还有错误呢？

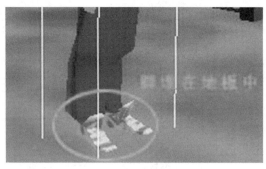

图 5 - 13　脚埋在地板中

原来，在 Unlimited Controller BB 中，我们所指定的是让角色保持在地板上，但是角色自己却并不知道谁是地板，所以，要指定一下究竟谁是地板。

在编辑视窗中，鼠标右键单击地板模型，在弹出的快捷菜单中选择"3D Object Setup（dimian）"，打开地板模型的设定窗口，如图 5 - 14 所示。

3D Object Setup (dimian)	Return
Mesh Setup (dimian_Mesh)	
Material Setup (baked_dimian)	
Texture Setup (dimiancompletemap)	
On Object	▶
On Selection	▶
Create Script on	▶
Create Scripts on Selection	
Show Script	
Actions	▶
Current Camera Setup (Main Camera)	
Reset Current Camera Settings	
Select Camera	▶
Select All	Ctrl+A
Clear Selection	Ctrl+D
Invert Selection	Ctrl+I
Duplicate	
Delete	Del

图 5 - 14　打开地板模型的设定窗口

交互式漫游动画

JIAOHU SHI MANYOU DONGHUA

点击"Attribute",打开属性设置窗口,为模型"dimian"添加"地板属性",如图5-15所示。

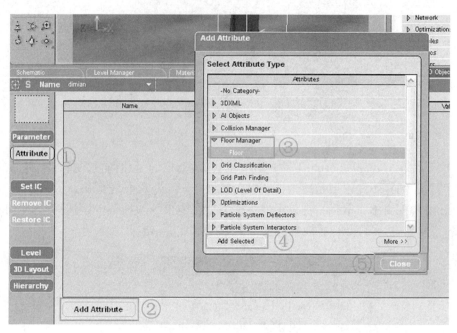

图5-15 为地板添加"地板属性"

再一次点击电脑屏幕右下方的 ▷ 按钮,播放程序,角色可以随意走在地板上了,如图5-16所示。

图5-16 随意走在地板上的角色 Pierre

当然了，除了模型"dimian"可以定义为地板，也可以将模型"pingtai02"定义为地板。

接下来，我们开始设置第三人称摄像机。

点击创建面板中按键，创建一个新的摄像机，命名为 The 3rd Camera，并设定初始值。到 Level Manager 面板中为 The 3rd Camera 创建 Script，拖动 Keep At Constant Distance BB（3D Transformation/Constraint）、Look At BB（3D Transformation/Constraint）到 The 3rd Camera 的 Script 中，如图 5 - 17 所示。

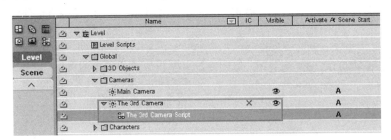

图 5 - 17　为 The 3rd Camera 创建 Script

双击 Keep At Constant Distance BB，将参数 Position 设定为：X = 0、Y = 5、Z = 10；Referential 设定为：FloorRef；Attenuation 设定为：70。

双击 Look At BB，将参数 Position 设定为：X = 0、Y = 3、Z = 0；Referential 设定为：FloorRef；Following Speed 设定为：70%。，如图 5 - 18 所示。

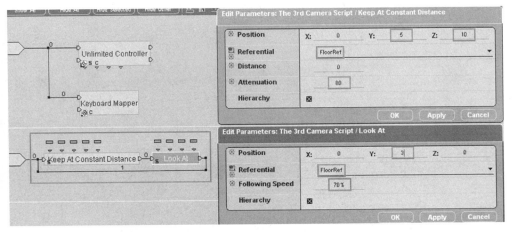

图 5 - 18　参数设定

播放后，操作键盘中的"W、A、D"按键，发现摄像机会跟在角色后面，就像一个第三人称摄像机。请参考本书光盘中的"sence \ charpter - 5 \ 0501 - camera - final.cmo"文件。

5.3　第一人称摄像机的创建

在 Virtools 中打开本书光盘中的 "sence \ charpter – 5。0502 – camera – start . cmo" 文件，场景中的文件已经创建了第三人称的摄像机。在这一小节中，我们需要创建一个第一人称的摄像机。

点击创建面板中按键，创建一个新的摄像机，命名为 The 1stCamera，设定初始值，如图 5 – 19 所示。到 Level Manager 面板中为 The 1st Camera 创建 Script。

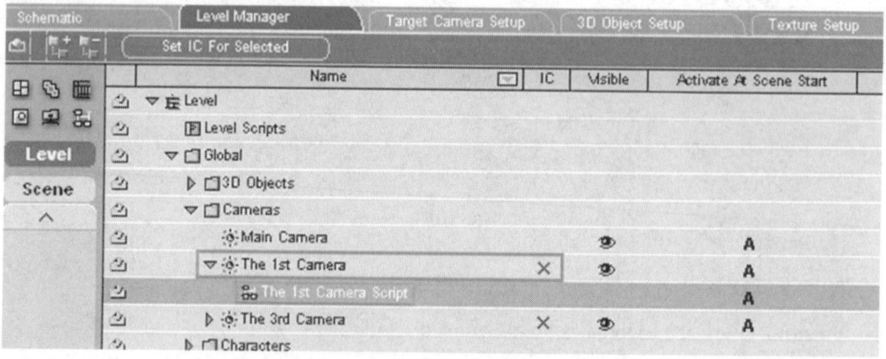

图 5 – 19　创建 The 1stCamera 摄像机

点击两次，创建两个三维帧，并重新命名为：The 1st Camera Frame 以及 The 1st Camera Frame – aim，如图 5 – 20 所示。注意，设置初始值。

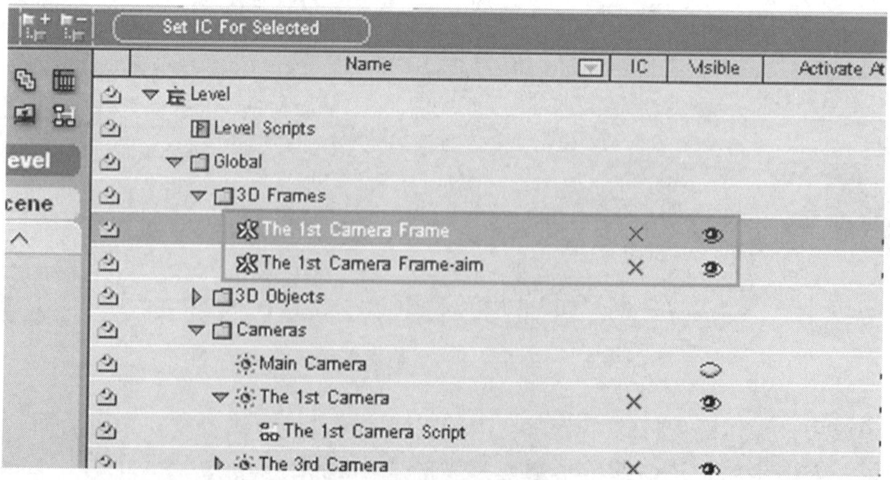

图 5 – 20　创建两个三维帧

将两个三维帧放置在如图 5 - 21 所示的位置。

图 5 - 21　放置三维帧

为三维帧 The 1st Camera Frame 增加 Script，然后拖动一个 Switch On Key BB（Controller/Keyboard）、两个 Translate BB（3D Transformations/Basic）、两个 Rotate BB（3D Transformations/Basic）以及四个 Per Second BB（Logics/Calculator）。将它们连接，如图 5 - 22 所示。

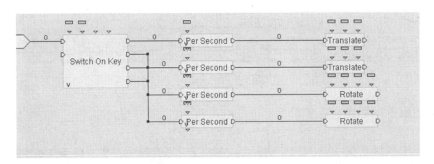

图 5 - 22　为三维帧增加 Script 以及 BB

点击鼠标右键，增添一个"This"参数，并且将参数"This"与 Translate BB 和 Rotate BB 的 pIn（Referential）相连接；然后将上面两个 Per Second BB 的 pOut 参数类型改为 Vector，将下面两个 Per Second BB 的 pOut 参数类型改为 Angle，如图 5 - 23 所示。

This
Switch On Key
Per Second
Vector
Per Second
Vector
Per Second
Angle
Per Second
Angle
Translate
Translate
Rotate
Rotate

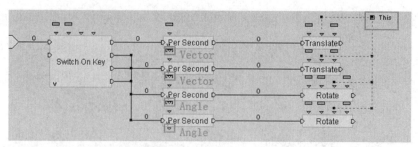

图 5－23　增添“This”参数以及修改参数类型

点击鼠标右键，选择“Add Parameter Operation”，在三维帧 The 1st Camera Frame 的 Script 中创建两个参数，如图 5－24 和图 5－25 所示。

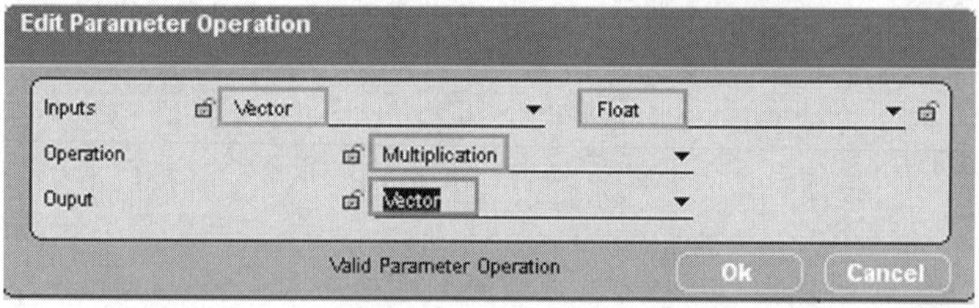

Edit Parameter Operation
Inputs
Vector
Float
Operation
Multiplication
Ouput
Vector
Valid Parameter Operation
Ok
Cancel

图 5－24　参数一

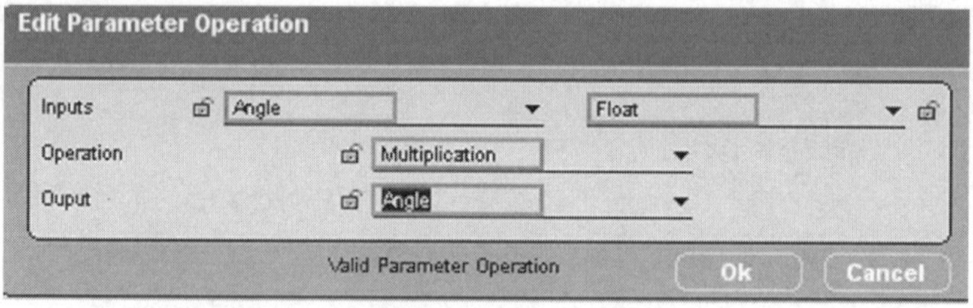

Edit Parameter Operation
Inputs
Angle
Float
Operation
Multiplication
Ouput
Angle
Valid Parameter Operation
Ok
Cancel

图 5－25　参数二

参数设置如图 5－26 和图 5－27 所示。

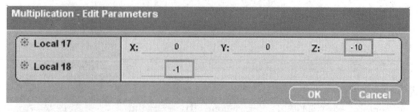

Multiplication - Edit Parameters
Local 17
Local 18
X: 0
Y: 0
Z: -10
-1
OK
Cancel

图 5－26　参数一设置

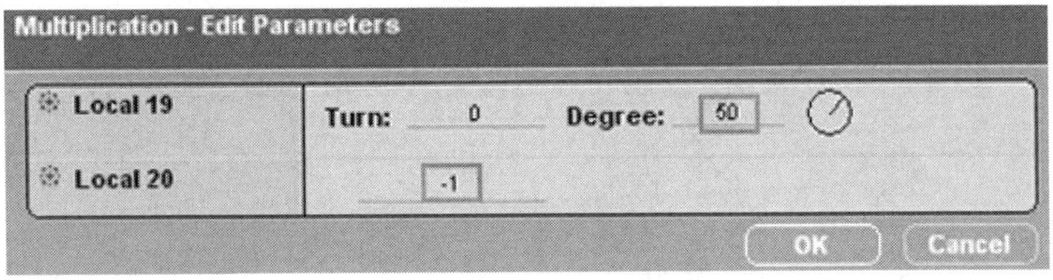

图 5 - 27　参数二设置

这两个参数的作用是将"前进的向量乘上 – 1 变成后退"以及"左转的向量乘上 – 1 变成右转",如图 5 – 28 所示。

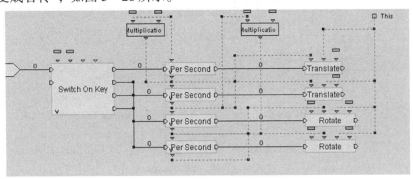

图 5 - 28　连接流程图

设置 Switch On Key BB 的键盘参数,分别为"Up"、"Down"、"Left"、"Right",如图 5 – 29 所示。

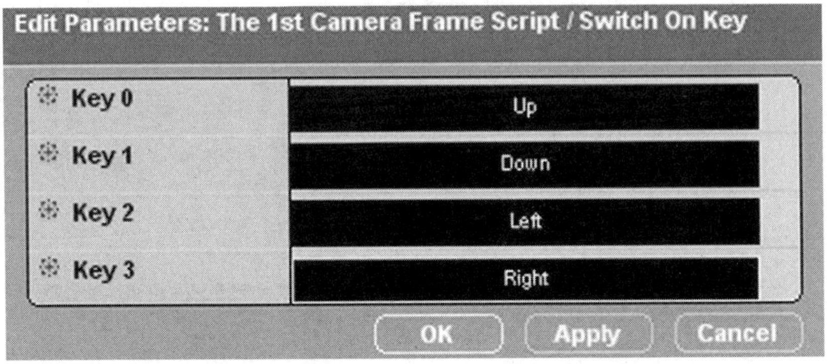

图 5 - 29　设置 Switch On Key BB 的键盘参数

为了使三维帧 The 1st Camera Frame – aim 跟着 The 1st Camera Frame 走动,打开 Editors/Hierarchy Manager 将 The 1st Camera Frame – aim 拖到 The 1st Camera Frame 上,并释放鼠标,让 The 1st Camera Frame – aim 成为 The 1st Camera Frame 的子级物体,如图 5 – 30 所示。

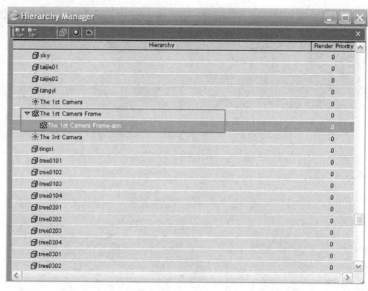

图 5 – 30 让 The 1st Camera Frame – aim 成为 The 1st Camera Frame 的子级物体

切换到 The 1st Camera 的 Schematic 面板，拖动 Keep At Constant Distance BB（3D Transformation/Constraint），如图 5 – 31 所示；Look At BB（3D Transformation/Constraint）到 The 1st Camera 的 Script 中，参数设定如图 5 – 32 所示。

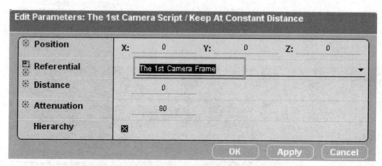

图 5 – 31 Keep At Constant Distance BB 参数设定

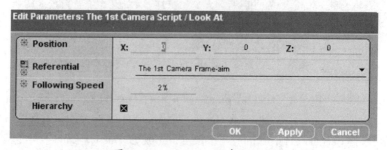

图 5 – 32 Look At BB 参数设定

播放后操作键盘中的"Up"、"Down"、"Left"、"Right"按键，发现已经是第一人称摄像机了。请参考本书光盘中的"sence \ charpter – 5 \ 0502 – camera – final.cmo"文件。

 ## 5.4 切换摄像机

在这一小节中，我们把前面章节中创建的第三人称摄像机以及第一人称摄像机进行切换，在 Virtools 中打开本书光盘中的"sence \ charpter – 5 \ 0503 – camera-start.cmo"文件，场景中的文件已经创建了第三人称和第一人称的摄像机。

到 Level Manager 面板，为 Level 新增 Script。切换到 Schematic 面板，并拖动 Key Event BB（Controllers/Keyboard）、Sequencer BB（Logics/Streaming）、Parameter Selector BB（Logics/Streaming）以及 Set As Active Camera BB（Cameras/Montage）到 Level 的 Schematic 面板中，如图 5 – 33 所示。

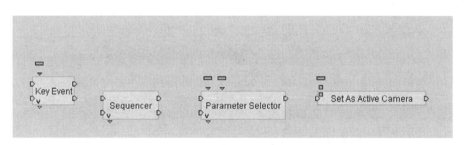

图 5 – 33　增加 BB 到 Level 的 Schematic 面板中

双击 Key Event BB，将按键参数设定为"空格键"，并将 Key Event BB 与 Sequencer BB 进行连接，如图 5 – 34 所示。需要注意的是：Sequencer BB 默认的行为输出端口只有一个，所以需要再增加一个新的行为输出端口，如图 5 – 35 所示。

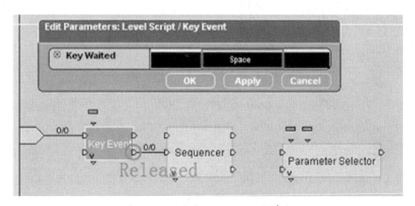

图 5 – 34　设置 Key Event BB 参数

交互式漫游动画 JIAOHU SHI MANYOU DONGHUA

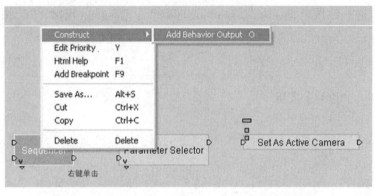

图 5 - 35　为 Sequencer BB 增加一个新的行为输出端口

　　双击 Parameter Selector BB 的 pOut（Selected），把参数设为 Camera，这样，将 Parameter Selector BB 的参数设定为：The 1st Camera 以及 The 3rd Camera，如图 5 - 36 所示。

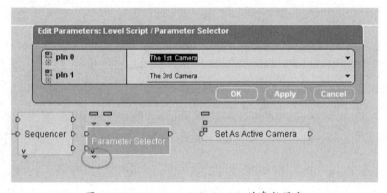

图 5 - 36　Parameter Selector BB 的参数设定

　　将 Sequencer BB 的两个行为输出端口分别与 Parameter Selector BB 两个输入端口连接，并且将 Parameter Selector BB 的参数输出端口与 Set As Active Camera BB 的参数输入端口连接，如图 5 - 37 所示。

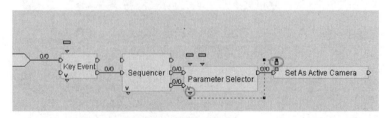

图 5 - 37　连接参数

播放程序，按下空格键"Space"，摄像机 The 1st Camera 与 The 3rd Camera 能进行切换，不过要注意的是：控制 The 1st Camera 的是"Up"、"Down"、"Left"、"Right"按键；而控制 The 3rd Camera 的是"W、A、D"按键。请参考本书光盘中的"sence \ charpter – 5 \ 0503 – camera – final . cmo"文件。

课后习题

1. 在第一人称摄像机的创建过程中，摄像机跟着模型移动了，那么当发现操作失误后，怎样让摄像机回到初始点呢？

2. 我们已经学习了如何进行切换第一人称与第三人称摄像机，那么怎样才能进行三个或者三个以上的摄像机切换呢？

交互式漫游动画

JIAOHU SHI MANYOU DONGHUA

碰撞检测

1 碰撞检测简介
2 基本碰撞：Object Slider
3 基本碰撞：使用 Grid
4 碰撞检测及交互设定

本章重点

碰撞检测是虚拟交互设计中一个非常重要的工作，因为只有真实的碰撞检测，才能使得虚拟交互更加接近真实。本章主要介绍了碰撞检测以及实现基本碰撞的几种方法。

 ### 6.1 碰撞检测简介

碰撞检测经常发生问题，主要是场景中模型或者角色的"Scale"出现问题。所以极力建议读者朋友们在建立模型的时候要对 Scale 进行统一。

 ### 6.2 基本碰撞：Object Slider

在 Virtools 中打开本书光盘中的"sence \ charpter－6 \ 0601－collision－start. cmo"文件，场景中已经创建了第三人称摄像机，控制 The 3rd Camera 的是"W、A、D"按键。

播放程序之后，角色"Pierre"可以在场景中自由走动，但是角色却可以穿过任何障碍物，在这一小节中，我们要对程序设定基本的碰撞。

切换到 Level Manager 面板，点击 ，创建一个新的"Group"，并命名为 collision，如图 6－1 所示。

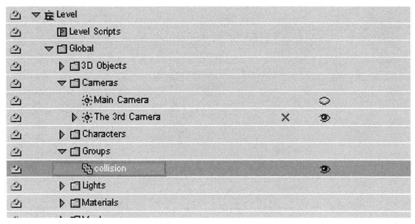

图 6-1 创建一个新的 Group：collision

　　在 3D Object 中的文件下选择除了地板、天空、水之外的所有物体，并点击鼠标右键，将选中的物体发送到群组 Collision 中，如图 6-2 所示。这么做的目的是将障碍物都放在一个群组中。

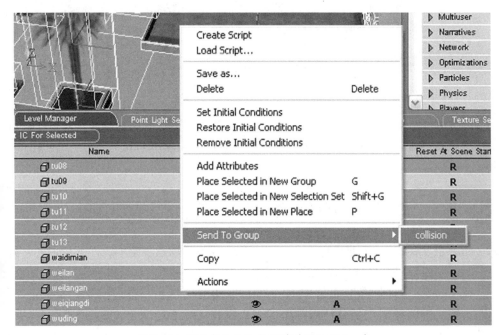

图 6-2 将选中的物体发送到群组 Collision 中

　　打开群组 Collision，如图 6-3 所示，可以发现刚才我们选择的障碍物都已经在里面了。

图 6 – 3 群组 Collision

切换到 Schematic 面板，拖动 Object Slider BB（Collisions/3D Entity）到 Pierre Script 中，双击 Object Slider BB，在弹出的参数设定框中将 Radius 设定为 0.2，Group 设定为 Collision，如图 6 – 4 所示。

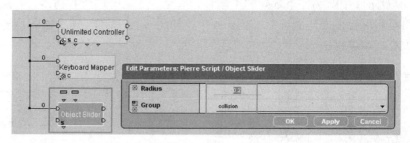

图 6 – 4 拖动 Object Slider BB 并设定参数

播放程序后，发现角色 "Pierre" 已经能与场景中的物体发生碰撞，并且不能随意地穿越物体了。请参考本书光盘中的 "sence \ charpter – 6 \ 0601 – collision – final.cmo" 文件。

 ## 6.3 基本碰撞：使用 Grid

Grid 是 Virtools 一个非常特殊的功能，在游戏或者场景漫游中，往往可以非常好地控制空间属性以及处理碰撞范围等。

在 Virtools 中打开本书光盘中的 "sence \ charpter – 6 \ 0602 – grid – start.cmo" 文件，场景中已经创建了第三人称摄像机，控制 The 3rd Camera 的是 "W、A、D" 按键。

和上一个例子一样，播放程序之后，角色 "Pierre" 可以在场景中自由走动，如图 6 – 5 所示，但是角色却可以穿过任何障碍物，在这一小节中，我们要通过使用 Grid 来实现角色与场景的碰撞。

图 6-5 自由走动的角色模型 "Pierre"

将摄像机切换为 Top 视图，然后点击创建面板中的 ▦ 增加一个 Grid。并且使用缩放工具将 Grid 调整到合适的大小，如图 6-6 所示。

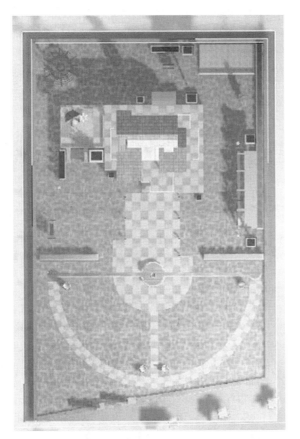

图 6-6 漫游场景的 Top 视图

切换到 Grid setup 窗口，可以通过面板中间偏下的缩放控制器来增减 Grid 的面积大小，如图 6-7 所示。值得注意的是：要给 Grid 设置初始值，Set IC，如图 6-8 所示。

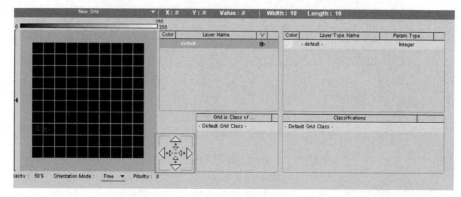

图 6-7　调整 Grid 面积大小

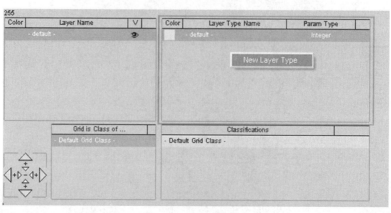

图 6-8　为 Grid 设置初始值：Set IC

在图 6-9 所示的地方按下鼠标右键，弹出快捷菜单，并选择"New Layer

图 6-9　创建一个新的"Layer"

Type"，创建一个新的"Layer"，命名为"collision"，如图 6 – 10 所示。

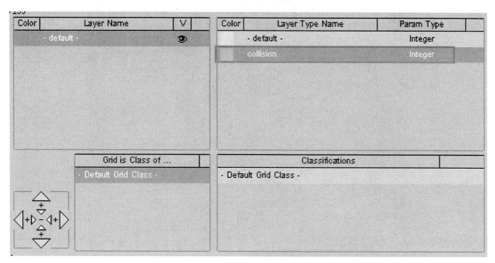

图 6 – 10 命名为"collision"

将刚刚创建的"collision"图层拖到左边的框中，如图 6 – 11 所示。

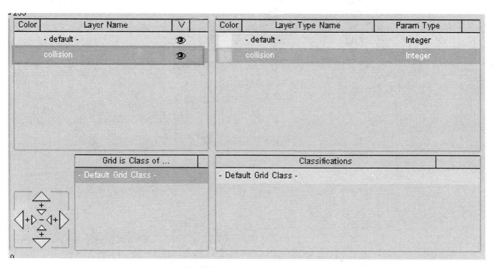

图 6 – 11 将"collision"图层拖到左边的框中

接下来，就可以选择编辑网格中的方框了，当然，在这个图中，并不能非常准确地绘制我们想要有碰撞处理的范围。在这里，我们绘制了几个方块，如图 6 – 12 所示。

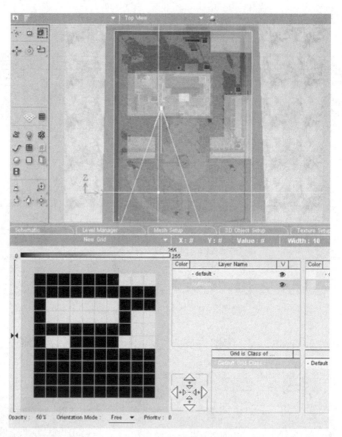

图 6 - 12　绘制 Grid 网格

切换到角色"Pierre"的 Script，将 Layer Slider BB（Grids/Basic）拖到 Script 中，双击 Layer Slider BB，将 Layer To Slider On 的参数设置为 collision，如图 6 - 13 所示。

图 6 - 13　拖动 Layer Slider BB 并设置参数

播放程序后，发现角色"Pierre"已经不能穿越场景中 Grid 覆盖的地方了，但会发现，Grid 并没有覆盖所有障碍物，对于两种方法，大家可以视情况选择使用。请参考本书光盘中的"sence \ charpter - 6 \ 0602 - grid - final . cmo"文件。

6.4　碰撞检测及交互设定

碰撞检测在 Virtools 中是一个非常重要的概念，因为在很多情况下，利用它可以触发很多事件，在这一节中，我们就要利用碰撞检测来实现触发事件的练习。

在 Virtools 中打开本书光盘中的"sence \ charpter – 6 \ 0603 – collision detection – start.cmo"文件，场景中已经创建了第三人称摄像机，控制 The 3rd Camera 的是"W、A、D"按键。

切换到 Level Manager 面板，为角色"Pierre"的 Body Part 新增 Script，拖动 Collision Detection BB（Collision 3D Entity），将它与 Start 连接，如图 6 – 14 所示，并与 False 端口做迂回连接，这样做的目的是让程序不停地检测。

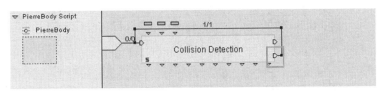

图 6 – 14　连接 Collision Detection BB

选择 Level Manager/Characters/Pierre/Pierre Body，按鼠标右键，选择"Add Attributes"，如图 6 – 15 所示。

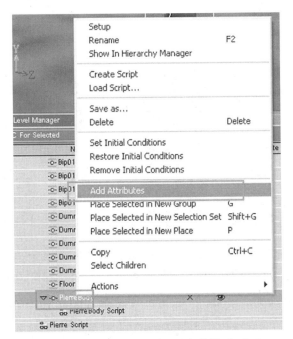

图 6 – 15　为 Pierre Body 添加属性（一）

在弹出的对话框中，选择 Collision Manager/Moving Obstacle，然后点选 Add Selected。这就已经为 Pierre Body 添加了 Moving Obstacle 属性了，如图 6 - 16 所示。

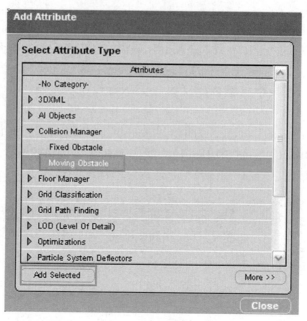

图 6 - 16　为 Pierre Body 添加属性（二）

现在我们已经为 Pierre Body 添加了 Moving Obstacle 属性了，那么接下来，利用同样的方法，我们为模型 pingtai02 添加 Fixed Obstacle 属性，如图 6 - 17 所示。这样做的目的就是让这两个添加了属性的模型接触后，能触发事件。

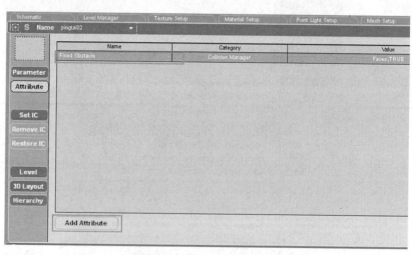

图 6 - 17　为模型 pingtai02 添加 Fixed Obstacle 属性

到此为止，可以运行程序，让角色"Pierre"走到模型 pingtai02 上，当这两个模型接触的一刹那，其实，Collision Detection BB 已经检测到它们的碰撞信息了。接下来，拖动 Knee Down 动作到编辑视窗中（Data \ Characters \ Animations），见图 6 - 18。

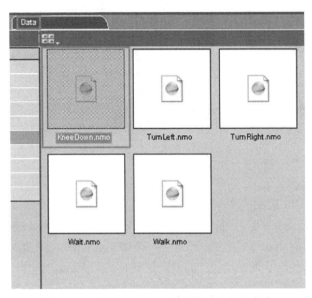

图 6 - 18　拖动 Knee Down 动作到编辑视窗中

切换到 Pierre Script 中，双击 Unlimited Controller，弹出参数编辑对话框。在 Secondary Animations 框下点击 Add，如图 6 - 19 所示。

Order	Message	Animation	Warp	Warp Length	Stopable	TimeBase	Fps	Turn	Orient	Description
0	Joy_Up	Walk	Best	5.0	Yes	Time	30.0	Yes	No	Walk Animation
1	Joy_Left	TurnLeft	Start	5.0	Yes	Time	30.0	Yes	No	
1	Joy_Right	TurnRight	Start	5.0	Yes	Time	30.0	Yes	No	
128		Wait	Best	5.0	Yes	Time	30.0	Yes	No	Stand Animation

Add　Remove

Secondary Animations

Message	Action	Animation	Time	Fps	Loop Cnt	Start	Warp	Warp Length	Stay	Descripti
	Play Once		Time	30.0		0.0	Yes	5.0	No	

Add　Remove　　☑ Keep character on floors　　Rotation angle　3.4　　OK　Cancel

图 6 - 19　Unlimited Controller 参数设置

交互式漫游动画

JIAOHU SHI MANYOU DONGHUA

在 Message 栏的第一行中输入 Knee Down，表示当角色 Pierre 收到 Knee Down 的信息的时候，将启发 Animation 栏的第一行中的动作，我们将这个动作设置为 Knee Down，如图 6-20 所示。

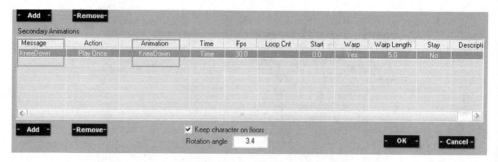

图 6-20　设置动作 Knee Down

但是角色 Pierre 究竟在什么时候能收到 Knee Down 的信息呢？当然是在 Collision Detection BB 检测碰撞信息的时候啦。

拖动 Send Message BB（Logics/Message）到 PierreBody Script 中，并将它与 Collision Detection BB 的 True 端连接。双击 Send Message BB，将 Message 参数设置为 Knee Down，Dest 参数设置为角色 Pierre，如图 6-21 所示。

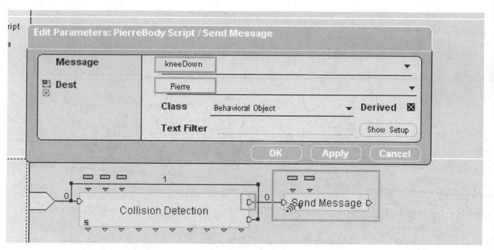

图 6-21　Send Message BB 以及其参数设置

我们再来整理一下刚才的制作思路，当角色 Pierre 走到模型 pingtai02 上的时候，两个添加了 Obstacle 属性的物体发生碰撞，由 Collision Detection BB 检测后，假如判断是"真的碰撞"了，那么后面的 Send Message BB 将向角色 Pierre 的 Pierre Script 中发送 Knee Down 的信号，当 Unlimited Controller BB 收到这个信号后，它将即刻激发 Knee Down 这个动作，如图 6 - 22 所示。

运行程序，看一看结果是怎么样的？

图 6 - 22　激发 Knee Down 动作之后的角色模型

请参考本书光盘中的"sence \ charpter - 6 \ 0603 - collision detection - final . cmo"
文件。

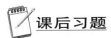 **课后习题**

1. 除了本章中所讲的几种实现碰撞的方法外，还有其他什么方
   法吗？
2. 思考一下，当对模型进行碰撞处理后，为什么模型在没有碰
   到墙体的情况下，就不能往前移动了？

交互式漫游动画

JIAOHU SHI MANYOU DONGHUA

第七章

小地图的制作

1 拍摄式小地图制作

本章重点

在 Virtools 作品中，小地图的制作是非常普遍的，主要有拍摄式小地图、图案式小地图、计算式小地图，本章主要介绍拍摄式小地图的制作。

7.1 拍摄式小地图制作

在 Virtools 作品中，可以将程序与 Google Earth 相连接，输入经纬度，以调用我们所需要的地图，如图 7-1 和 7-2 所示。

图 7-1 从 Google Earth 调出的图片（一）

图 7-2 从 Google Earth 调出的图片（二）

在 Virtools 中打开本书光盘中的 "sence \ charpter - 7 \ 0701 - minimap -
start.cmo" 文件，场景中已经创建了第三人称摄像机，控制 The 3rd Camera 的是
"W、A、D" 按键。

点击 ■，创建一个新的 2D Frame，我们将它命名为 "Minimap"。切换到 Setup
面板，点选 Homogeneous Coordinates 前的小方框，这样做的目的是设定使用 "次坐
标"，也就是让刚刚创建的 2D Frame 以百分比的形式设定位置以及大小尺寸，如图
7-3 所示。优点是当 Windows 画面的大小改变之后，2D Frame 也会自动更新。

General

☒ **Pickable** (Hold shift to pick it anyway)

☒ **Homogeneous Coordinates**

☒ **Clip To Camera**

☒ **Relative To Viewport**

图 7-3 设定使用 "次坐标"

调整好大小以及位置，如图 7-4 所示。注意，Z Order 可以随意设置，它的大
小决定 2D Frame 之间的着色顺序，数值越大，层数就越靠上。这里我们将它设置
为 2。

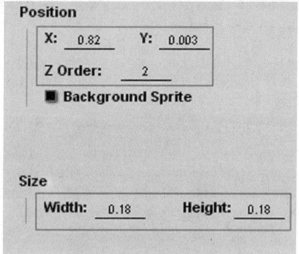

图 7 - 4　调整 2D Frame 的大小以及位置

创建相应的材质，同样我们将它们命名为"Minimap"。

将素材库中的贴图 Minimap（Data/Texture/Minimap）拖到二维帧 Minimap 上。（注意：在这里，二维帧、材质以及贴图的命名是一样的，但是它们的分类是不一样的，所以并不会引起混淆，相反，这样的设置更能利于我们制作。）

在二维帧 Minimap 的 Setup 视窗中将 Material 设置为"Minimap"，如图 7 - 5 所示；同样在材质 Minimap 的 Setup 视窗中将 Texture 设置为"Minimap"，调整 Emissive 值为"R = 255、G = 255、B = 255"，并将 Mode 调成透明 Transparent，如图 7 - 6 所示。

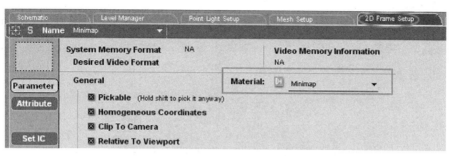

图 7-5 二维帧 Minimap 的 Setup 设置

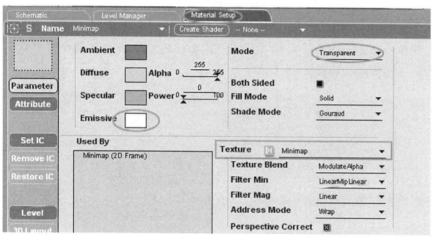

图 7-6 材质 Minimap 的 Setup 设置

那么，我们可以在编辑视窗中看见，地图的边框制作已经完成了。我们可以拉动边框，以调节位置、大小或者形状，在这里，将地图的边框放在左上角，如图7-7所示。

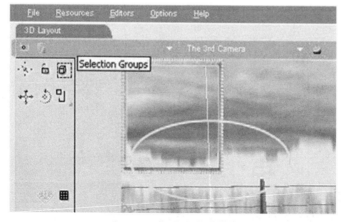

图 7-7 地图的边框制作

接下来,我们就要制作真正的拍摄地图了。首先,创建一个拍摄地图的摄像机。点击 后,将新创建的摄像机重新命名为"Top",切换到 Setup 面板中,将摄像机"Top"的 Orientation 设定为 X = 90、Y = 0、Z = 0,如图 7 - 8 所示。记得设置初始值。

图 7 - 8　创建"Top"摄像机

注意:刚才创建的摄像机"Top",其拍摄的方式一定要调整为"正交投影"方式,如图 7 - 9 所示。

图 7 - 9　将拍摄方式调整为"正交投影放"

在拍摄式地图中,摄像机是随着角色的移动而移动的。所以接下来为摄像机"Top"创建 Script,如图 7 - 10 所示,并拖动 Set Position BB(3D Transformations/Basic)到摄像机"Top"的 Script 中。

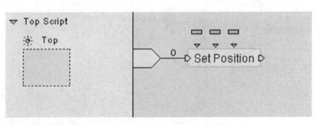

图 7 - 10　为摄像机"Top"创建 Script

双击 Set Position BB,将参数 Position 设置为 X = 0、Y = 350、Z = 0,将 Referential 设置为 Floor Ref,如图 7 - 11 所示。

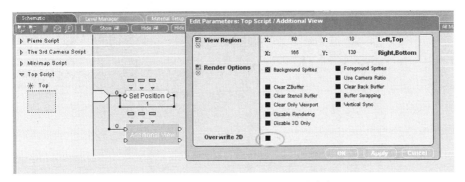

图 7 – 11 设置 Set Position BB 参数

拖动 Addition View BB（Interface/Screen）到摄像机"Top"的 Script 中，双击 Addition View BB，在打开的对话框中将参数设置如图 7 – 12 所示。

图 7 – 12 设置 Addition View BB 的参数

如此，拍摄式地图的制作就已经完成了，如图 7 – 13 所示。请参考本书光盘中的"sence \ charpter – 7 \ 0701 – minimap – final . cmo"文件。

图 7 – 13 完成地图的制作

交互式漫游动画　JIAOHU SHI MANYOU DONGHUA

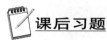 **课后习题**

1．拍摄式地图会极大地消耗电脑资源，那么还有更好的方法来代替它吗？

2．思考一下，拍摄式地图的原理是什么？

第八章

喷泉的制作

1 VT 粒子系统的简介
2 VT 粒子系统的属性介绍
3 使用 Virtools 制作简单粒子动画
4 使用 VT 粒子系统制作喷泉

交互式漫游动画

JIAOHU SHI MANYOU DONGHUA

本章重点

本章主要介绍 Virtools 中的粒子系统，以及粒子系统的属性。通过案例，来实现简单粒子动画以及喷泉的制作。

8.1 VT 粒子系统的简介

我们知道，在三维虚拟世界中，有些物体是可以通过建模准确地表现出来的，而还有很多物体是很难表现的，比如重力、磁性、风或者火焰等。在这种情况下，我们可以借助粒子系统来解决这个问题，如图 8－1 所示，即是用粒子来模拟宇宙中神秘的星云。

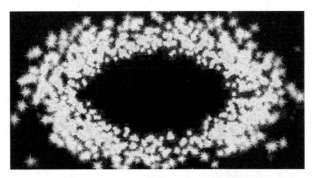

图 8－1　用粒子来模拟宇宙中的星云

什么是粒子系统呢？简单地说，粒子系统是模拟动力学的工具，就是一些粒子的集合，通过制定发射源在发射粒子流的同时创建各种动画效果。随着功能的逐步完善，粒子系统几乎可以模拟任何三维效果。

在 Virtools 中，粒子系统包括了9种不同类型的发射器（见图8－2、图8－3、

图8-4），分别是：

　　※ Cubic Particle System（立方体粒子系统）；

　　※ Curve Particle System（曲线粒子系统）；

　　※ Cylindrical Particle System（圆柱体粒子系统）；

图8-2　各种不同类型的发射器（一）

　　※ Disc Particle System（圆盘粒子系统）；

　　※ Linear Particle System（线型粒子系统）；

　　※ Object Particle System（对象粒子系统）；

图8-3　各种不同类型的发射器（二）

　　※ Planar Particle System（平面粒子系统）；

　　※ Point Particle System（点粒子系统）；

　　※ Spherical Particle System（球形粒子系统）。

图8-4　各种不同类型的发射器（三）

　　那么究竟我们是如何控制一个粒子系统的呢？刚才我们已经说过了，不同类型的粒子系统，其工作原理都是一样的。

图 8 - 5　Point particle System（点粒子系统）BB 模块

这里我将对 Point particle System（点粒子系统）BB 模块的各个参数进行说明：

※ Emission Delay：发射粒子的间隔时间；

※ Emission Delay Variance：发射粒子的间隔时间的变化（Variance 指的是它相对于前面那个参数的变化程度）；

※ Yaw Variance：XZ 平面的扩散角度（如果 ZY 平面的扩散角度为 0，将发射为一个 XZ 平面上的扇面）；

※ Pitch Variance：间距变化；

※ Speed：粒子发射速率；

※ Speed Variance：粒子发射速率变化；

※ Angular Speed/Spreading：粒子发射角速率/扩散；

※ Angular Speed Variance /Spreading Variation：粒子发射角速率/扩散变化；

※ Lifespan：粒子生命周期；

※ Lifespan Variance：粒子生命周期变化；

※ Maximum Number：最多能够显示的粒子数目；

※ Emission：每次发射的粒子个数；

※ Emission Variance：每次发射的粒子个数变化；

※ Initial Size：粒子初始大小；

※ Initial Size Variance：粒子初始大小变化；

※ Ending Size：粒子消失前的大小；

※ Ending Size Variance：粒子消失前的大小变化；

※ Bounce：粒子反弹衰减值（1 为反弹后速度没有衰减，0 为完全衰减）；

※ Bounce Variance：粒子反弹衰减值变化；

※ Weight：重量（只有当粒子添加 Particle Gravity 重力属性时起作用）；

※ Weight Variance：重量变化；

※ Surface：表面积（被风吹时起作用）；

※ Surface Variance：表面积变化；

※ Initial Color and Alpha：粒子初始颜色和通道；

※ Initial Color Variance：粒子初始颜色和通道的变化；

※ Ending Color and Alpha：粒子消失前的颜色和通道；

※ Ending Color Variance：粒子消失前的颜色和通道的变化；

※ Texture：使用的纹理；

※ Initial Texture Frame：初始纹理帧（对序列纹理起作用）；

※ Initial Texture Frame Variance：初始纹理帧变化（对序列纹理起作用）；

※ Texture Speed：纹理动画速度（单位是毫秒，值越大播放速度越慢）；

※ Texture Speed Variance：纹理动画速度变化；

※ Texture Frame Count：纹理帧计算；

※ Texture Loop：纹理动画循环方式。

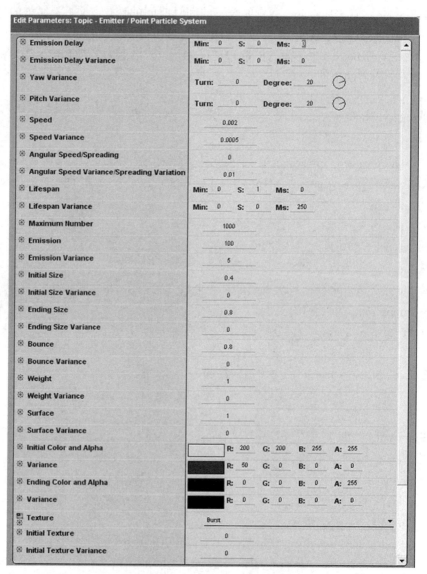

图 8 – 6　Point particle System（点粒子系统）BB 模块参数设定界面

8.2 VT 粒子系统的属性介绍

什么是属性呢？

属性是可以记录资料状态的一种参数，与行为模块不同的是，属性是依附在某一具体的物体上的，比如地板属性，那一定是将"地板"这一状态参数设定在某一个模型上。

属性可以分为很多种，比如 LOD 属性、Floor Manager 属性、3DXML 属性以及 Collision Manager 属性等等。当然在这一章中，我们主要来探讨关于粒子系统的一些属性，分为两大类，分别是：Particle System Deflectors（粒子系统导向板），如图 8 - 7 所示，以及 Particle System Interactors（粒子系统相互作用发生器），如图 8 - 8 所示。

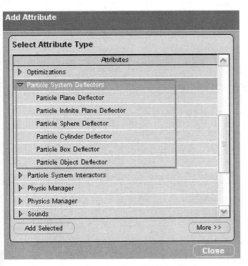

图 8 - 7 粒子系统导向板属性

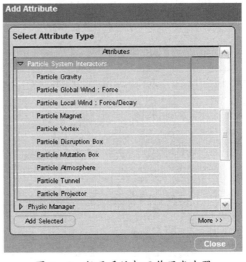

图 8 - 8 粒子系统相互作用发生器

Particle System Deflectors（粒子系统导向板）包括：

※ Particle Plane Deflectors（粒子平面导向板）；

※ Particle Infinite Deflectors（粒子无限导向板）；

※ Particle Sphere Deflectors（粒子球体导向板）；

※ Particle Cylinder Deflectors（粒子圆柱体导向板）；

※ Particle Box Deflectors（粒子立方体导向板）；

※ Particle Object Deflectors（粒子物体导向板）。

Particle System Interactors（粒子系统相互作用发生器）包括：

※ Particle Gravity（粒子重力）；

※ Particle Global Wind：Force（粒子全局风力：力）；

※ Particle Local Wind：Force/Decay（粒子区域风力：力/衰减）；

※ Particle Magnet（粒子磁力）；

※ Particle Vortex（粒子漩涡）；

※ Particle Disruption Box（粒子分裂体）；

※ Particle Mutation Box（粒子突变体）；

※ Particle Atmosphere（粒子雾）；

※ Particle Tunnel（粒子通道）；

※ Particle Projector（粒子投射）。

 ## 8.3 使用 Virtools 制作简单粒子动画

在这节中，我们将通过制作一个简单的粒子动画，来说明粒子的制作流程。首先，在Virtools中新建一个文件，创建一个三维帧，如图8－9所示，并将它命名为

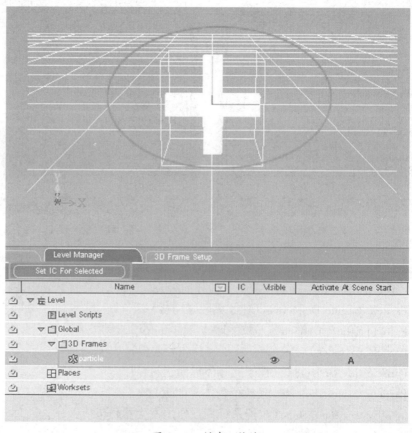

图 8－9 创建三维帧

particle，调整它的位置，设定初始值。

为三维帧 particle 创建 Script，切换到 Schematic 面板，拖动 Point Particle System BB（Building Blocks/Particles）模块到三维帧 particle 的 Script 中，如图 8 – 10 所示。

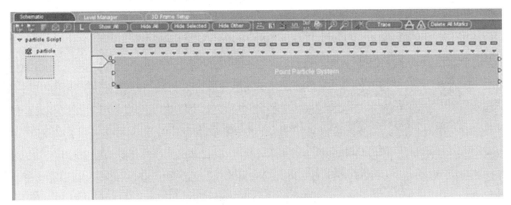

图 8 – 10　添加行为模块

在资源库中将图片 03 particle Bubbles 01（Data/Textures）拖动到场景中，如图 8 – 11所示。

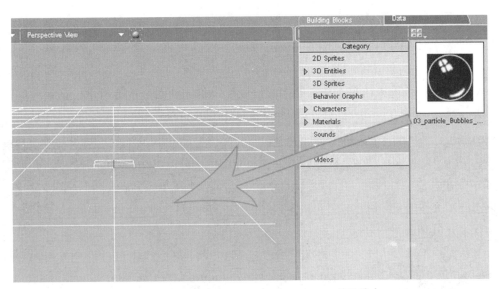

图 8 – 11　拖动图片 03 particle Bubbles 01 到场景中

双击 Point Particle System BB 模块，对它进行参数设置，如图 8 – 12 所示。

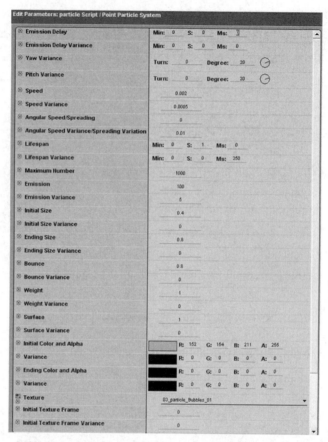

图 8 – 12 对 Point Particle System BB 模块进行参数设置

至此，一个简单的粒子动画制作就已经完成了，如图 8 – 13 所示。请参考本书光盘中的 "sence \ charpter – 8 \ 0801 – Particle – final . cmo" 文件。

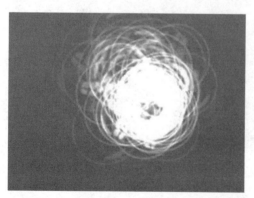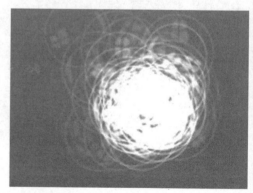

图 8 – 13 制作完成的粒子动画

8.4 使用 VT 粒子系统制作喷泉

粒子系统制作喷泉，其原理就是把一张图当做一颗颗粒子，然后用一个发射器将其发射出来，我们只要调整好发射的方向、速度、重力环境以及其他一些属性，就可以简单模拟出喷泉了。

在 Virtools 中打开本书光盘中的 "sence \ charpter - 8 \ 0802 - Particle - start.cmo" 文件，已经创建了一个场景，在这个场景中，有一个喷水池，如图 8 - 14 所示。那么在这节中，我们就要制作喷泉了。

图 8 - 14　场景中的喷水池

首先，我们要把池子里的水制作成波澜起伏的水面。

点选 Level Manager/Level/Global/Meshes/shuiti Mesh，按鼠标右键，为水的模型 shuiti Mesh 创建 Script，如图 8 - 15 所示。

注意： 接下来要让水的贴图进行 UV 位移，以实现水流动的效果，但只支持 Mesh 物体，所以务必要在 Mesh 上创建 Script，创建完成后，为 shuiti Mesh 设定初始值。

交互式漫游动画

JIAOHU SHI MANYOU DONGHUA

🖱	🎁 Plane406_Mesh		👁	**A**
🖱	🎁 Plane407_Mesh		👁	**A**
🖱	🎁 Plane408_Mesh		👁	**A**
🖱	🎁 Plane409_Mesh		👁	**A**
🖱	🎁 qiangti_Mesh		👁	**A**
🖱	🎁 qiuqianjia01_Mesh		👁	**A**
🖱	🎁 road_Mesh		👁	**A**
🖱	🎁 shuicao_Mesh		👁	**A**
🖱	🎁 shuichi_Mesh		👁	**A**
🖱	▽ 🎁 shuiti_Mesh	✕	👁	**A**
🖱	ᨀ shuiti_Mesh Script			**A**
🖱	🎁 sky_Mesh		👁	**A**
🖱	🎁 taijie01_Mesh		👁	**A**

图 8 – 15 创建 Script 并设定初始值

切换到 Schematic 面板，拖动 Texture Scroller BB（Building Blocks/Materials – Textures）模块到 shuiti Mesh 的 Script 中，如图 8 – 16 所示。

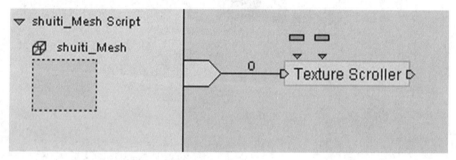

图 8 – 16 拖动 Texture Scroller BB 模块

双击 Texture Scroller BB 模块，在弹出的对话框中设定 X = 0.0005、Y = 0，如图 8 – 17 所示。

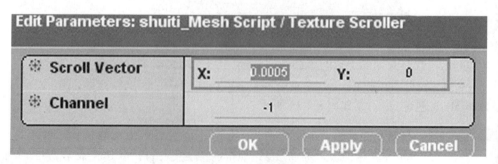

图 8 – 17 设定参数

运行程序，发现水并没有流动起来，这是为什么呢？原来刚才我们设定的贴图位移只进行了一次，要让水流动，就需要让它不断地进行贴图位移，所以将 Texture Scroller BB 模块进行迂回连接，如图 8 - 18 所示。

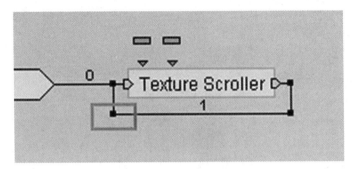

图 8 - 18　迂回连接

这样，按下 Play 键，可以看到水流动起来了，如图 8 - 19 所示。请参考本书光盘中的"sence \ charpter - 8 \ 0802 - Particle - final . cmo"文件。

图 8 - 19　水波的效果制作

接着上面的例子，或者打开本书光盘中的"sence \ charpter - 8 \ 0803 - Particle - start . cmo"文件。创建一个新的三维帧，命名为"water"，并将它放置在喷泉发出的地方，如图 8 - 20 所示。

图 8 - 20 创建一个新的三维帧

右键单击三维帧 water，创建 Script，切换到 Schematic 面板，拖动 Point Particle System BB（Building Blocks/Particles）模块到三维帧 water 的 Script 中。这时候，会发现原来的十字形的三维帧已经变成一个箭头形的三维帧了，如图 8 - 21 所示。

图 8 - 21 箭头形的三维帧

喷泉是要向上喷出来的，所以选定这个箭头形三维帧，将它的方向旋转，并且向上，如图 8 - 22 所示。切换到 Level Manager 面板，将三维帧 water 进行初始值设定，如图 8 - 23 所示。

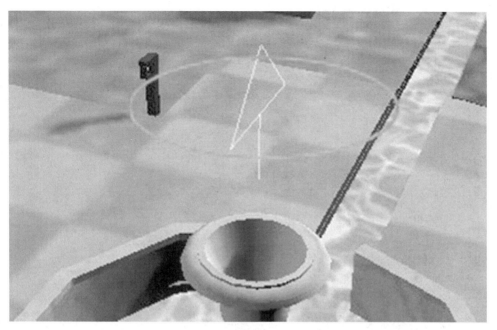

图 8－22　旋转方向

		Name		IC	Visible	Activate At Scene Start	Re
⟳	▽ 氱 Level						
⟳		🅱 Level Scripts					
⟳		▽ ☐ Global					
⟳			▽ ☐ 3D Frames				
⟳			▷ 🎆 water		×	👁	A
⟳			▷ ☐ 3D Objects				
⟳			▷ ☐ Cameras				
⟳			▷ ☐ Characters				
⟳			▷ ☐ Groups				

图 8－23　初始值设定

　　将素材库 Data 中的图片 Spark 拖到三维帧 water 上，双击 Point Particle System BB 模块，对它进行参数设置，如图 8－24 所示。

⚙ Emission Delay	Min: 0　S: 0　Ms: 0
⚙ Emission Delay Variance	Min: 0　S: 0　Ms: 0
⚙ Yaw Variance	Turn: 0　Degree: 20
⚙ Pitch Variance	Turn: 0　Degree: 20
⚙ Speed	0.005
⚙ Speed Variance	0.001
⚙ Angular Speed/Spreading	0
⚙ Angular Speed Variance/Spreading Variation	0
⚙ Lifespan	Min: 0　S: 1　Ms: 0
⚙ Lifespan Variance	Min: 0　S: 0　Ms: 250
⚙ Maximum Number	20000
⚙ Emission	1000
⚙ Emission Variance	5
⚙ Initial Size	0.3
⚙ Initial Size Variance	0
⚙ Ending Size	0.1
⚙ Ending Size Variance	0
⚙ Bounce	0.8
⚙ Bounce Variance	0
⚙ Weight	1
⚙ Weight Variance	0
⚙ Surface	1
⚙ Surface Variance	0
⚙ Initial Color and Alpha	R: 111　G: 174　B: 214　A: 255
⚙ Variance	R: 0　G: 0　B: 0　A: 0
⚙ Ending Color and Alpha	R: 0　G: 0　B: 0　A: 0
⚙ Variance	R: 0　G: 0　B: 0　A: 0
⚙ Texture	Spark
⚙ Initial Texture Frame	0
⚙ Initial Texture Frame Variance	0

OK　Apply　Cancel

图 8 – 24　对 Point Particle System BB 模块进行参数设置

　　一个简单的喷泉就制作完成了，如图 8 – 25 所示。请参考本书光盘中的 "sence/charpter – 8/0803 – Particle – final . cmo" 文件。

图 8-25 喷泉的最终效果

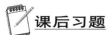 课后习题

1. VT 粒子系统，除了能制作喷泉，还能做其他什么特效呢？
2. 回顾一下本章的内容，怎么才能使喷泉具有重力属性？

第九章

声音的设定

1　声音参数设置
2　导入及播放声音
3　动画配音

本章重点

　　本章主要介绍声音的参数设置，通过特定行为参数模块，来实现声音的导入与播放。重点讲解动画配音的方法。

9.1　声音参数设置

　　在 Virtools 中，可以将各种格式的音效整合进程序中，以达到逼真的效果。与其他 Media 组件一样，Sounds（音效）是以独立的组件形式存在的，它能轻易地存取，而且具有独立的控制与设定方式，如图 9-1 所示。

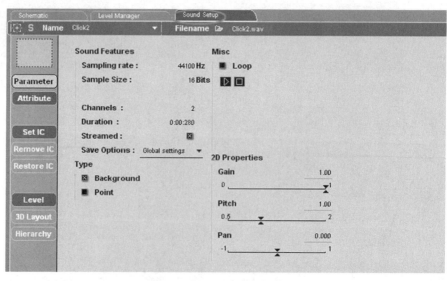

图 9-1　Sound 的 Setup 面板

接下来，我们将 Setup 面板分为七个部分进行介绍。

1．Sound Features（音效特征）

※ Sampling rate（采样速率）

※ Sample Size（样品大小）

※ Channels（通道）

※ Duration（持续时间）

※ Streamed（媒体流）

※ Save Options（保存选项）

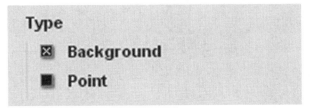

图 9－2　音效特征

2．Type（类型）

图 9－3　类　　型

※ Background（背景音乐）

※ Point（点声源）

当选择点声源的时候，又会有以下三种设置，如图 9－4 所示。

※ Distance to listener（点声源与听众之间的距离）

※ Sound Position（点声源的位置）

※ Relative Angle（点声源的相对角度）

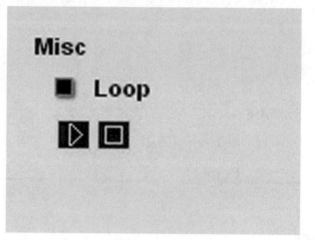

图9-4 点声源

3．Misc（其他）

※ Loop（循环）

※ （播放）

※ ■（停止）

图9-5 Misc

4．2D Properties（二维属性）

※ Gain（增益与放大系数）

※ Pitch（音调）

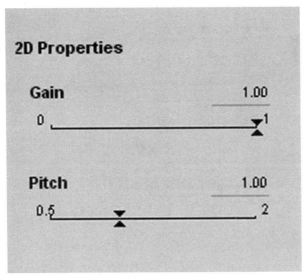

图 9 - 6　二维属性

当选择背景声源的时候，又会有以下 Pan 的设置，如图 9 - 7 所示。

※ Pan（感觉声源：用两个或者两个以上音箱进行立体声音播放时，听者对声音的感觉印象，能使人产生一种幻觉。）

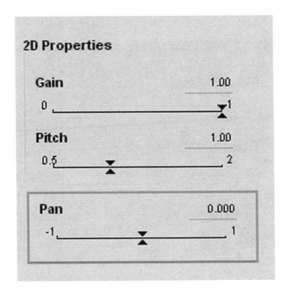

图 9 - 7　Pan

5．3D Properties（三维属性）

当选择背景声源的时候：

交互式漫游动画

JIAOHU SHI MANYOU DONGHUA

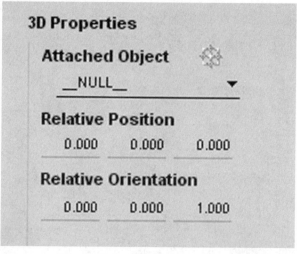

图 9-8　三维属性

※ Attached Object（被附加声音的物体）

※ Relative Position（相对空间位置）

※ Relative Orientation（相对空间方向）

6．Sound Project Cone（音效投射圆锥）

当选择背景声源的时候：

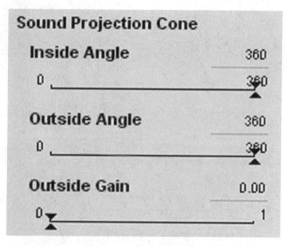

图 9-9　音效投射圆锥

※ Inside Angle（内锥角）

※ Outside Angle（外锥角）

※ Outside Gain（外部增益）

7. Min and Max perception distances（最小与最大感知距离）

当选择背景声源的时候：

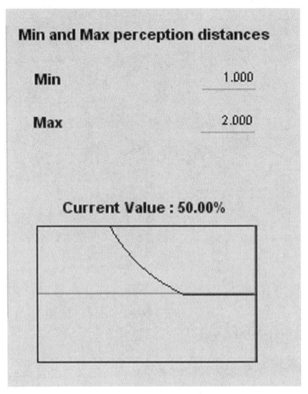

图 9 – 10　最小与最大感知距离

※ Min（最小值）

※ Max（最大值）

※ Current Value（当前数值）

 ## 9.2　导入及播放声音

　　在 Virtools 中，声音的种类有：背景声音、立体声音、动画配音以及 Midi 声音等。在这一节中，我们要分别介绍如何导入这些声音。在 Virtools 中打开本书光盘中的"sence \ charpter – 9 \ 0902 – Sound – Start . cmo"文件，"W、A、D"三个按键分别控制着角色"行走、左转、右转"，在播放窗口有两个小按键，分别控制着"播放与停止"，如图 9 – 11 所示。

图 9-11 打开文件

这两个按钮只是我们设定好的两个开关，打开声音素材库，拖动声音文件"hope"到场景中，弹出声音"hope"的参数设定窗口，如图 9-12 所示，在上一节已经详细地讲解过声音参数设定窗口，在这里就不展开讲解了。

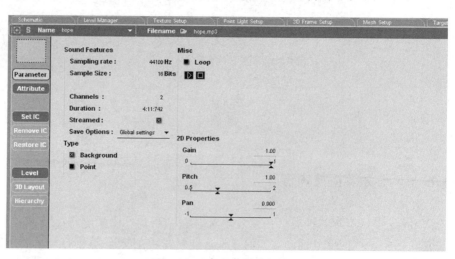

图 9-12 声音参数设定窗口

回到 Schematic 中 Wave Player 的编辑窗口，拖动 Wave Player BB 模块（Building Blocks/Sounds/Basic）到编辑窗口中。双击 Wave Player BB 模块，在弹出的对话框中将 Target 设置为"hope"，Fade In 和 Fade Out 分别设置为"100"和"200"，也可以

在"Loop"前面点选小框，让音乐可以循环播放。如图9-13所示。

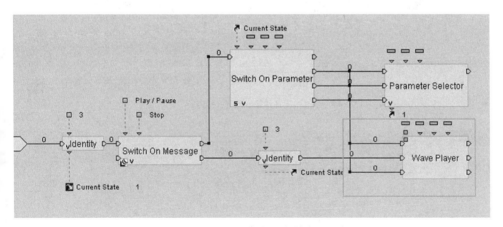

Edit Parameters: Wave Player / Wave Player

Target (Wave Sound)	hope
Fade In	100
Fade Out	200
Loop	☒

OK　　Apply　　Cancel

图9-13　Wave Player BB 模块的设置

将 Switch On Parameter 的行为输出端口"Out 3"与 Wave Player 的行为输入端口"Play"相连，也就是用"Play"来控制声音的"播放"；同理，将 Switch On Parameter 的行为输出端口"Out 1"以及"Out 2"与 Wave Player 的行为输入端口"Pause/Resume"相连；将 Identity 的行为输出端口"Out"与 Wave Player 的行为输入端口"Stop"相连。如图9-14所示。

图9-14　连接行为模块

运行程序，按下播放按钮，刚才导入的"hope"开始播放，请参考本书光盘中的"sence\charpter-9\0902-Sound-Final.cmo"文件。

9.3　动画配音

在上一节中，我们将声音文件导入场景中，并可以自行控制这个音效的播放。在本节的案例中，我们将要为角色的动作配上行走脚步声的音效。在 Virtools 中打开

交互式漫游动画　JIAOHU SHI MANYOU DONGHUA

本书光盘中的"sence \ charpter – 9 \ 0903 – Sound – Start . cmo"文件,"W、A、D"三个按键分别控制着角色"行走、左转、右转",如图 9 – 15 所示。

图 9 – 15 打开文件

切换到 Schematic 面板,拖动 Animation Synchronizer BB(Characters/Animation)模块到 Pierre Script 中,Animation Synchronizer BB 模块主要解决在角色播放动作过程中同步传送信息给角色本身。如图 9 – 16 所示。

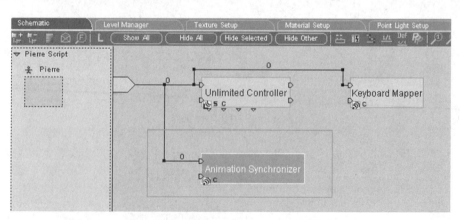

图 9 – 16　Animation Synchronizer BB 模块

双击 Animation Synchronizer BB 模块,在弹出的参数设定对话框中点击上方的"Walk",然后再点击"Add",将信息改为"001",如图 9 – 17 所示。

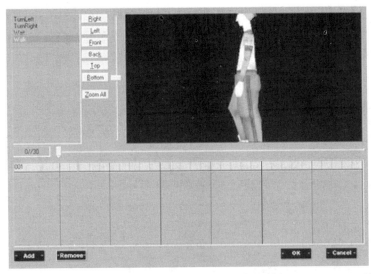

图 9 - 17　Animation Synchronizer BB 模块参数设定

需要说明的是，在信息"001"上头有一个"0//30"的符号，这代表什么意思呢？

"//"右边的数字代表动作"Walk"此时的帧数，而左边的数则代表画面中目前呈现的帧数。拖动右边的滑块，观察动作"Walk"的整段动画，可以发现：第10帧和第25帧刚好是角色行走动画中着地的瞬间。

拖动滑块到"10"和"25"帧的地方，新增两个圆点，如图 9 - 18 所示。

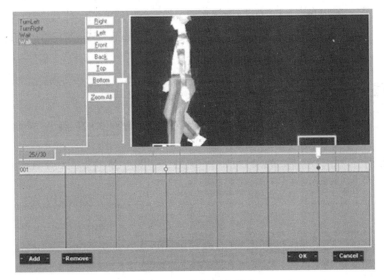

图 9 - 18　新增两个圆点

拖动 Wait Message BB（Logics/Message）模块和 Play Sound Instance BB（Sound/Basic）模块到 Pierre Script 中，双击 Wait Message，将 Message 参数设置为 "001"；双击 Play Sound Instance，将参数设定为 Target：Touch；2D：True，如图 9 – 19 所示。

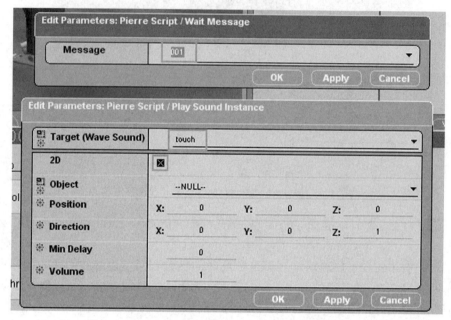

图 9 – 19 Wait Message 和 Play Sound Instance 参数设置

运行程序，每当角色行走的脚步接触地面的时候，将同步发出接触地面的声音，请参考本书光盘中的 "sence \ charpter – 9 \ 0903 – Sound – Final . cmo" 文件。

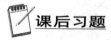 **课后习题**

1．思考一下，哪个行为参数模块可以在角色动画播放到特定帧的时候发送信息？

2．为什么明明将声音文件加入到程序中，并将文件导出为网页格式后，却没有声音呢？

键鼠互动与游戏手柄的操作

1　鼠标互动操作
2　游戏手柄操作的设定

本章重点

　　通过本章的讲解，熟悉触发鼠标、键盘以及其他常用的硬件设备的行为参数模块。

10.1　鼠标互动操作

　　鼠标是一种将人手的动作记录下来，通过电脑处理后，再一点不漏地还原到显示器上并对电脑进行担任的设备。

　　鼠标（指光电鼠标）的工作原理是：在光电鼠标内部有一个发光二极管，通过该发光二极管发出的光线，照亮光电鼠标底部表面。然后将光电鼠标底部表面反射回的一部分光线，经过一组光学透镜，传输到一个光感应器件（微成像器）内成像。这样，当光电鼠标移动时，其移动轨迹便会被记录为一组高速拍摄的连贯图像。最后利用光电鼠标内部的一块专用图像分析芯片（DSP，即数字微处理器）对移动轨迹上摄取的一系列图像进行分析处理，通过对这些图像上特征点位置的变化进行分析，来判断鼠标的移动方向和移动距离，从而完成光标的定位。

　　那么鼠标如何才能与 Virtools 程序进行交互呢？

　　在本节中要讲解两个案例，围绕着鼠标的互动操作展开。

案例一：触发事件

　　在 Virtools 中打开本书光盘中的"sence \ charpter – 10 \ 1001 – Mouse – Start.cmo"文件，"W、A、D"三个按键分别控制着角色"行走、左转、右转"，场景中角色站在小区的门外，在这个例子中，我们需要点击鼠标来将门打开，如图10 – 1 所示。

图 10-1　初始场景

在 Level Manager 面板中为铁门"damen01"创建 Script，然后拖动 Wait Message BB（Logics/Message）模块到 damen01 Script 中。双击 Wait Message BB 模块，在弹出的对话框中选择参数"OnClick"，如图 10-2 所示，这代表铁门"damen01"在等待鼠标的点击。

图 10-2　为 Wait Message 设置参数

当铁门"damen01"收到鼠标点击的信息后，就应当把门打开。所以拖动 Bezier Progression BB（Logics/Loops）模块以及 Rotate BB（3D Transformations/Basic）模块到 damen01 Script 中，并将它们连接，如图 10-3 所示。

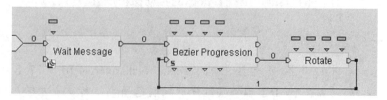

图 10-3　添加 BB 并连接

双击 Bezier Progression BB 的第 2 个以及第 3 个输入参数，将参数类型改为 Angel，如图 10-4 所示。

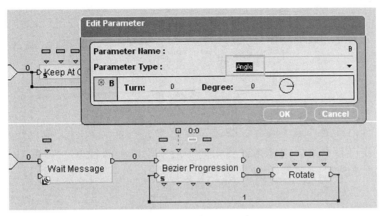

图 10 - 4 修改输入参数

双击 Bezier Progression BB，将 Duration 设置为 4S，将参数 B 设置为 80°，如图 10 - 5 所示。

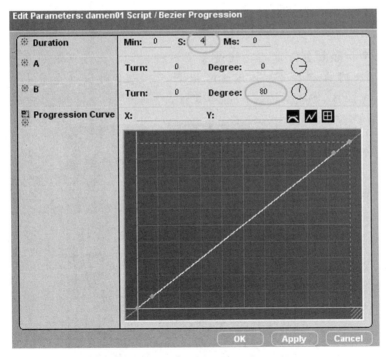

图 10 - 5 设置 Bezier Progression BB

将 Bezier Progression BB 模块的参数输出端口 Delta 与 Rotate BB 模块的 Angel of Rotation 的参数输入端口进行连接，如图 10 - 6 所示。

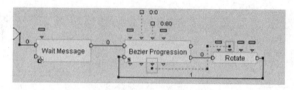

图 10 - 6　连接参数

其实，我们设置已经完成了，但是，在这里，也许大家忘了做一件非常重要的事情，就是让门打开后，它是不能关闭的，所以设置初始值 IC，如图 10 - 7 所示。

图 10 - 7　设置初始值 IC

运行程序，角色在行走的时候是穿不过铁门的，但是同时将鼠标点击铁门"damen01"，铁门自动打开，如图 10 - 8 所示。请参考本书光盘中的"sence \ charpter - 10 \ 1001 - Mouse - final.cmo"文件。

图 10 - 8　打开铁门

案例二：选择对象

在 Virtools 中打开本书光盘中的"sence \ charpter – 10 \ 1002 – Select – start.cmo"文件，"W、A、D"三个按键分别控制着角色"行走、左转、右转"。在视窗的右边有两个按钮，分别是"开门"和"按门铃"，我们要在这一节实现的是：当鼠标点击"开门"按钮后，铁门"damen 01"自动打开；当鼠标点击"按门铃"按钮后，则启动门铃，发出声音，如图 10 – 9 所示。

图 10 – 9　初始场景

在 Level Manager 面板中为铁门"damen01"创建 Script，然后拖动 Mouse Wait BB（Controllers/Mouse）模块到 damen01 Script 中。右键单击 Mouse Wait BB，在弹出的快捷菜单中选择参数 Edit Settings。这可以设定启用哪些行为输出端口，在本案例中，我们主要使用"鼠标左键"，所以只开启"Left Button Down"，如图 10 – 10 所示。

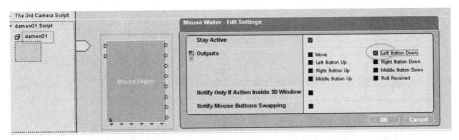

图 10 – 10　Mouse Wait BB 模块的启用

拖动 2D Picking BB（Interface/Screen）模块到 damen01 Script 中，并将它与 Mouse Wait BB 相连。2D Picking BB 的作用就是应用鼠标点选来做判断，也就是通过鼠标 2D 平面的点选 3D 实体，并得到对应的各项数据，如图 10-11 所示。

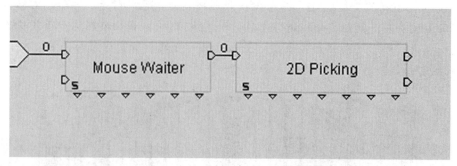

图 10-11　连接 2D Picking BB 模块

在 damen01 Script 中加入 Switch On Parameter BB（Logics/Streaming），它的功能就像 Test BB 模块，依据其参数来判断鼠标的动作，并启动行为输出端口。观察 Switch On Parameter BB，只有两个行为输出端口，第一个为"None"，第二个为"Out 1"，所以在 Switch On Parameter BB 上右键单击，在弹出的快捷菜单中点选 Construct/Add Behavior Output，为它增加一个行为输出端口，如图 10-12 所示。

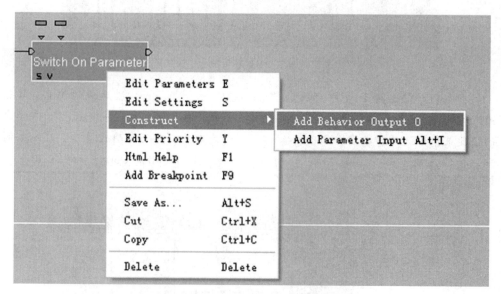

图 10-12　增加行为输出端口

双击 Switch On Parameter BB 会发现，它的第 1 个参数 Test 是"浮点数"，所以双击 Pin（Test），将 Parameter Type 改成 2D Entity（见图 10-13）。

188

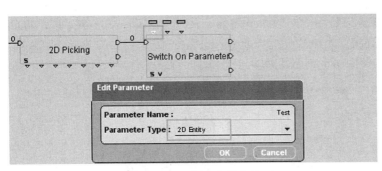

图 10 - 13　修改参数类型

双击 Switch On Parameter BB，将 Switch On Parameter BB 的参数 Pin 1 设定为：bell；Pin 2 设定为：open the door（见图 10 - 14）。通过设定，当鼠标选择点击按钮"门铃"的时候，程序会自己识别 Switch On Parameter BB 中的 bell，并启动 Out 1；当鼠标选择点击按钮"开门"的时候，程序会自己识别 Switch On Parameter BB 中的 open the door，并启动 Out 2。

图 10 - 14　设置 Switch On Parameter BB 参数

这时，我们将 2D Picking BB 的参数输出端口 Sprit 与 Switch On Parameter BB 的行为输入端口 Test 相连（见图 10 - 15）。

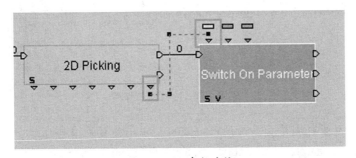

图 10 - 15　参数连接

拖动 Wave Player BB（Sound/Basic）模块到 damen01 Script 中，然后在素材库中拖动铃声"bell"到场景中，双击 Wave Player BB，将铃声设置为"bell"，当我们按下按钮"门铃"后，则触发铃声（见图 10 – 16）。

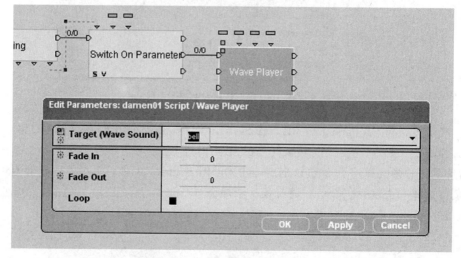

图 10 – 16　连接 Wave Player BB

同样道理，当我们按下"开门"按钮的时候，将开门的 BB 连接到 Switch On Parameter BB 的行为输出端口 Out 2（见图 10 – 17）。

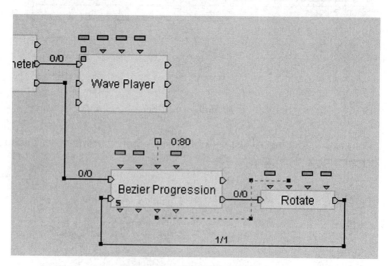

图 10 – 17　连接开门程序

运行程序，当我们按下不同按钮的时候，程序会有不同的反应。请参考本书光盘中的"sence \ charpter – 10 \ 1002 – Select – final.cmo"文件。

图 10 - 18　运行最终效果

　　到这里，鼠标作用的两个案例已经讲完了，其实在 Virtools 中，除了鼠标外，键盘、游戏手柄、方向盘或者其他自己开发的硬件都是可以连接的。

 ## 10.2　游戏手柄操作的设定

　　Virtools 支持很多外接设备，比如游戏手柄、方向盘、立体鼠标、数据手套还有头盔等等，在这一小节中，我们将要通过例子，来掌握游戏手柄的操作设定。

图 10 - 19　游戏手柄

　　在这个例子中，将说明如何使用 Joystick Mapper BB 和 Joystick Waiter BB 来进行操作设定。

　　在 Virtools 中打开本书光盘中的"sence\charpter - 10\1021 - joystick - start.cmo"

文件，"W、A、D"三个按键分别控制着角色"行走、左转、右转"，如图 10 – 20 所示。

图 10 – 20　初始场景

切换到 Schematic 面板，在 Pierre Script 中将 Keyboard Mapper BB 删除，然后将 Joystick Mapper BB（Controller/Joystick）拖动进来，并将它与 Start 连接（见图 10 – 21）。

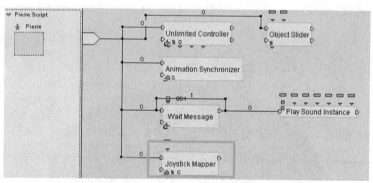

图 10 – 21　加入 Joystick Mapper BB

双击 Joystick Mapper BB，在弹出的对话框中点击 Direction 栏的"Up"，然后再在 Message Name 中将参数指定为 Joy-Up，并点击"Add"，在左下方的方框中显示：Up bound with Message Joy Up，这代表着当你按下游戏手柄的"Up"时，会发送 Joy Up 的信息（见图 10 – 22）。

同样道理，我们可以以同样的方法设置"Down"、"Left"以及"Right"。

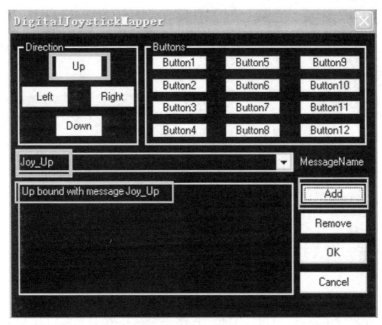

图 10 – 22 Joystick Mapper BB 模块

在 Pierre Script 中，加入 Joystick Waiter BB（Controller/Joystick）以及 Test BB（Logics/Test），并将它们连接，如图 10 – 23 所示。

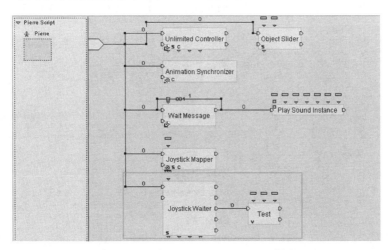

图 10 – 23 加入 Joystick Waiter BB 模块

双击 Test BB，将参数设定为 Test：Less Than；B：0，如图 10 – 24 所示。然后将 pIn（A）与 Joystick Waiter BB 的 pOut（Analog Position）连接，并将弹出的参数运算 Operation 设定为 Get X，如图 10 – 25 所示。

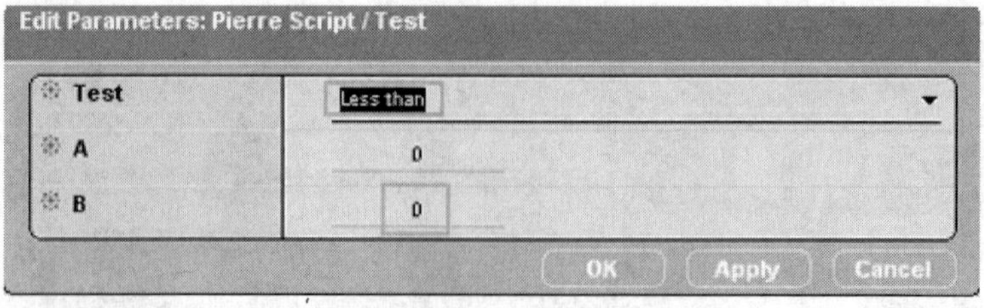

图 10 - 24　设定 Test BB 参数（一）

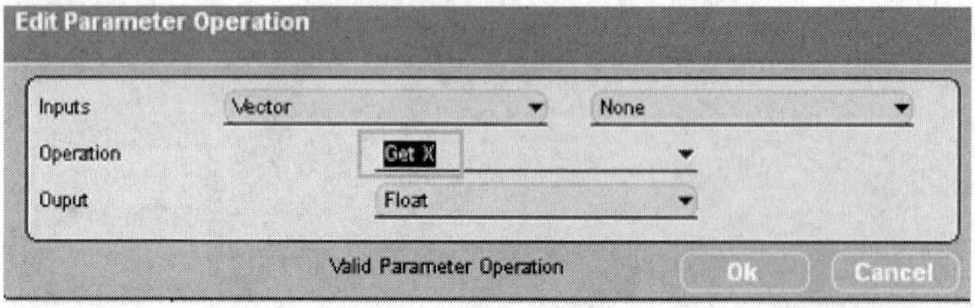

图 10 - 25　设定 Test BB 参数（二）

这时，如果按下游戏手柄的"Left"或者"Right"，都会及时触发 Joystick Waiter BB 的 pOut（Axis X Moved），只不过当按下"Left"时，pOut（Analog Position）会输出（–1，0，0），而按下"Right"时，pOut（Analog Position）会输出（1，0，0）。

鼠标右键单击 Joystick Waiter BB，在弹出的快捷菜单中选择 Edit Settings（见图 10 - 26），可以在游戏手柄上，按照自己的喜好自定义按键（见图 10 - 27）。

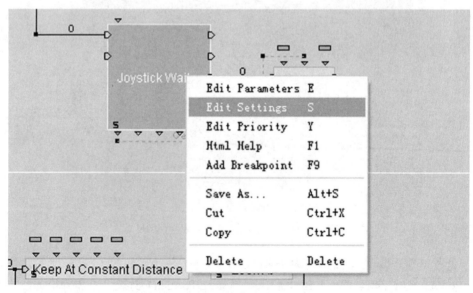

图 10 - 26　选择 Edit Settings

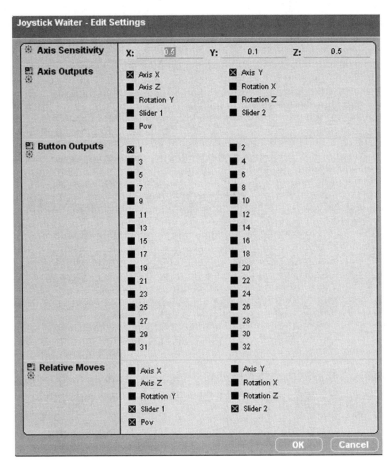

图 10 – 27 自定义按键

这时候，在 Pierre Script 中加入两个 Send Message BB（Logics/ Message），并将它们与 Test 连接，如图 10 – 28 所示。

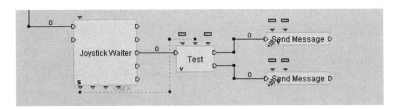

图 10 – 28 加入两个 Send Message BB

双击 Send Message BB，将参数分别设置为 Joy Left 和 Joy Right，Dest 设置为 Pierre。这样，当游戏手柄的"Left"被按下时，会传递信息"Joy Left"，同理，当游戏手柄的"Right"被按下时，会传递信息"Joy Right"。

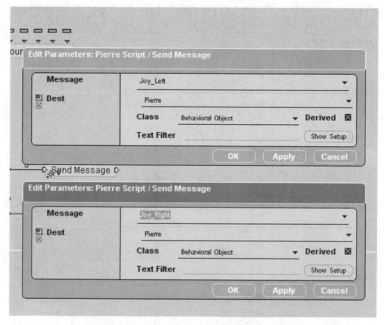

图 10-29 设置 Send Message BB 参数

运行程序，当我们操作游戏手柄的时候，已经达到我们预期的目标了。请参考本书光盘中的"sence \ charpter-10 \ 1021-joystick-final.cmo"文件。

课后习题

1. 思考一下，哪个行为参数模块可以侦测鼠标按键？哪个行为参数模块可以侦测游戏手柄？
2. 可以找一个方向盘，然后根据本节中的方法设置"前进"、"后退"、"刹车"等。

附件一

安装 3ds Max Exporter.exe

1. 插入 Virtools Dev 4.0 试用版的光盘或者打开光盘内的 Max Exporter 的文件夹（注：不同 3ds Max 版本要安装不同的 3ds Max Exporter.exe）。

2. 在弹出的安装画面中，选择"Setup.exe"命令，点选后系统开始自动安装，如图所示。

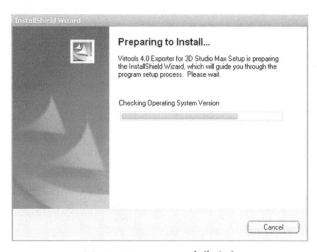

3ds Max Exporter.exe 安装画面

3. 选择所使用的 3D Studio Max 版本，然后点击"Next >"按钮。

版本选择画面

4. 选择安装路径。路径选择安装在电脑内 3D Studio Max 9.0 所安装的根目录下，然后点击"Next >"按钮。

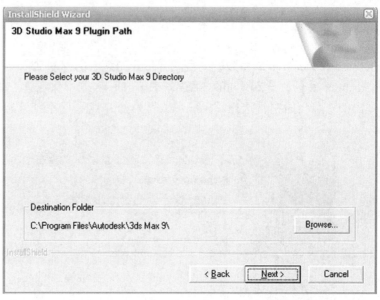

路径安装对话框

5. 在最后弹出的信息提示框中，点击"Finish"按钮，完成 3D Studio Max Exporter 的插件安装。

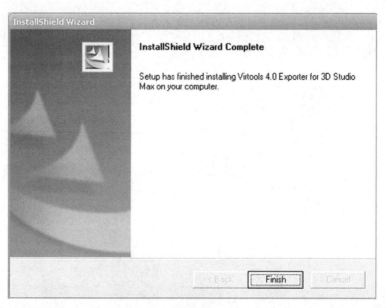

完成安装

6. 安装完成后，在 3ds Max 安装目录下的 Plugins 文件夹中检测是否有 Max2Virtools.dle 文件，如下图所示。

Max2Virtools.dle 文件

附件二

Virtools Dev 的安装

1. 首先，请插入 Virtools Dev 4.0 试用版的光盘。

2. 在弹出的安装画面中，选择"Virtools 4 trial"命令，系统开始安装软件。

Virtools Dev 的安装画面

3. 在弹出欢迎页面时，点击"Next >"按钮。

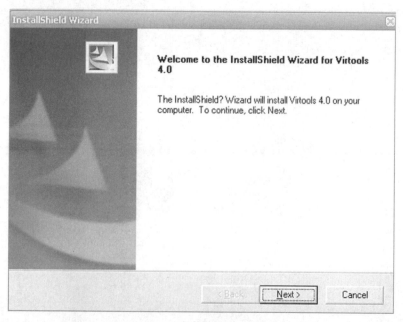

欢迎页面

4. 弹出"License Agreement"对话框，点击"Yes"按钮。

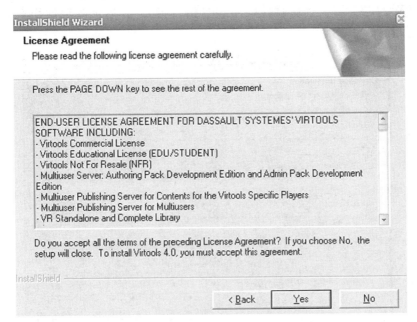

License Agreement 对话框

5. 弹出"Information"对话框，点击"Next >"按钮。

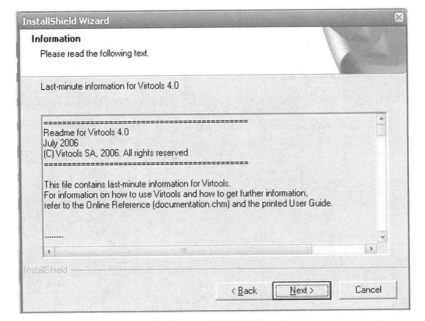

Information 对话框

交互式漫游动画

JIAOHU SHI MANYOU DONGHUA

6. 在接下来弹出的"Customer Information"对话框中，输入"用户名"、"公司名"以及"序列号"（在软件的安装盘里自带），并指定软件使用对象，点击"Next >"按钮。

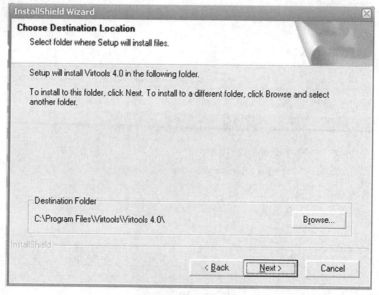

Customer Information 对话框

7. 选择安装路径后，点击"Next >"按钮。

路径安装示意图

8. 弹出"Select Features"对话框，选择我们自己想安装的内容模块，并勾选，完成后，点击"Next >"按钮。

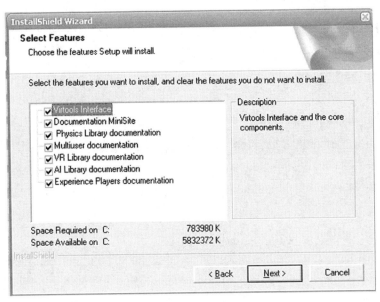

模块选择对话框

9. 在接下来的"Select Program Folder"对话框中，选择开始菜单中的 Virtools Dev 安装路径，完成设置后，点击"Next >"按钮。

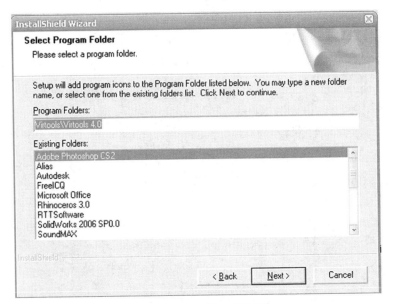

Select Program Folder 对话框中

交互式漫游动画

JIAOHU SHI MANYOU DONGHUA

10. 接下来，系统开始安装软件，耐心等待几分钟。

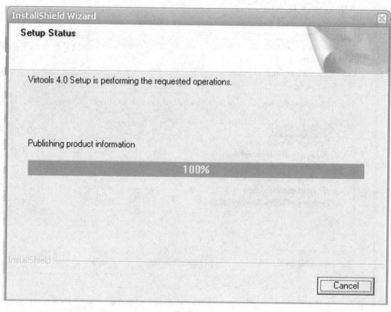

等待画面

11. 软件安装完成后，弹出提示框，点击"Finsh"按钮。这样，软件就安装完成了，接下来的工作是指定"License File"，也就是"注册"了。

12. 我们可以去 Virtools 官方网站或者相关主页上申请 License File，以获得授权。

13. 在得到 License File 之后，我们可以将它保存在硬盘的某个地方，在执行 Virtools Dev 应用程序时，指定 License File，完成设置后，点击"Next >"按钮。

指定 License File 对话框

14. 软件自动检验 License File 之后，弹出提示框，点击"Next"按钮。至此，我们已经安装完毕。点击 Virtools Dev 程序界面，打开软件。

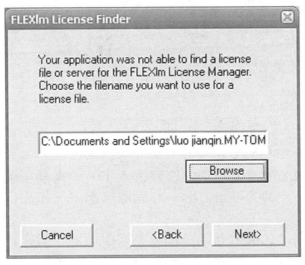

指定 License File 对话框

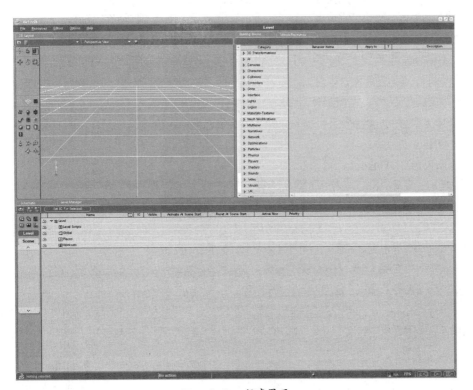

Virtools Dev 程序界面

后　记

　　今天，国内的数字艺术产业已经进入了一个蓬勃发展的春天，这一方面得益于科学技术的进步；另一方面得感谢十多年来，国内外一批又一批拓荒者们。

　　对于数字艺术，技术可以模仿，也可以重复，但是，市场的"二八定律"决定了惟有创造才能更好地发展。对于很多数字艺术专业的学生们来说，他们有很多很多好玩的想法，但是，他们不知道怎么把自己的这种好玩的点子变成现实中的一款作品；而对于很多有美术功底的学生来说，设计一个华丽的场景或者一个怪诞的创意，那是他们的特长，然而，望着繁琐而又枯燥的程序，他们往往选择"望程序兴叹"。

　　目前，我国的数字艺术人才现状基本上是这样的：懂得艺术的而不擅长计算机技术，而懂得计算机技术的又缺乏艺术基础。当然，他们可以合作，然而，当把这作为一种产业来加工的时候，这种合作又变得极其的困难。

　　这时候，Virtools 来了！

　　掌握了 Virtools，你无需具备编程基础，只需要把脑子里的创意或者更确切的说是梦想一步步地变成现实；你可以针对一个好玩的想法，精心地策划，也可以自己 DIY，将自己的想法亲手实现。这不得不说是一个数字艺术行业的变革，而不仅仅是技术的改进。

　　从第一本书到现在的第二本，基本围绕着一个基础教程的思路，其中遇到了很多问题，也曾让我伤透脑筋，幸好，终于完成了。

　　使用 Virtools 制作交互式动画，方法实在是太多，所以本书中无法一一囊括，如果有遗漏之处，还希望广大读者给予批评指教。

罗建勤

2010.4 北京槐园